爱美的女人有未来

胡可/著

BEAUTIFUL
WOMEN
HAVE A FUTURE

中华工商联合出版社

图书在版编目(CIP)数据

爱美的女人有未来 / 胡可著. —北京：中华工商联合出版社，2022.7

ISBN 978-7-5158-3491-7

Ⅰ.①爱… Ⅱ.①胡… Ⅲ.①女性—修养—通俗读物 Ⅳ.①B825-49

中国版本图书馆CIP数据核字（2022）第108049号

爱美的女人有未来

作　　者：	胡　可
出 品 人：	李　梁
责任编辑：	胡小英　楼燕青
装帧设计：	尚世视觉
责任审读：	付德华
责任印制：	迈致红
出版发行：	中华工商联合出版社有限责任公司
印　　刷：	香河县宏润印刷有限公司
版　　次：	2022年8月第1版
印　　次：	2022年8月第1次印刷
开　　本：	710mm×1000mm　1/16
字　　数：	200千字
印　　张：	13
书　　号：	ISBN 978-7-5158-3491-7
定　　价：	58.00元

服务热线：010—58301130—0（前台）
销售热线：010—58302977（网店部）
　　　　　010—58302166（门店部）
　　　　　010—58302837（馆配部、新媒体部）
　　　　　010—58302813（团购部）
地址邮编：北京市西城区西环广场A座
　　　　　19—20层，100044
http://www.chgslcbs.cn
投稿热线：010—58302907（总编室）
投稿邮箱：1621239583@qq.com

工商联版图书
版权所有　侵权必究

凡本社图书出现印装质量问题，请与印务部联系。

联系电话：010—58302915

序

内外皆美，不惧年龄

有句话说，活在这个世界上，没有什么是时间拿不走的，比如容貌、身材、健康。但也有一些东西是不惧时光流逝的，比如沉淀下的学识和修炼出来的气质以及装在头脑里的认知与优雅。

还有一句话说，女人就像一本书，如果你连封面都吸引不了人，那么谁又会有兴趣翻看你的内容呢？所以，身为女人，既要在意时光拿不走的学识和修养，更要在意时间会偷走的容貌和身材。只有内外皆美，才能不惧年龄，活出真我的好状态。

岁月似乎对女性并不友好，青春眨眼间就溜走了，结婚生子，操持家务，还要兼顾事业，重重压力下，身材开始走样，容颜开始褪色，身体开始走下坡路。过了40岁的女性无论从外形还是心理都渐渐变得没有底气。其实，年龄增长对于女性来说既是一种威胁又是一种资本，关键看女性如何正确看待。

我国也有句至理名言：年岁有加，并非垂老，理想丢弃，方堕暮年。在我看来，女人就是要好好爱自己，别过早输给岁月。爱美的女人

爱美的女人有未来

才有未来。在这个充满竞争的社会，身为女人，不但要有能力还要有颜值。美不属于某个年龄阶段，而是可以贯穿女人的整个人生。女人只有一生美丽优雅，才能对抗岁月和时光，活出自己，活出从容。

我们要相信美与年龄无关，爱美是一种责任，变美是一种时尚，美是自我求好的一种状态表现。女人无论到了什么年龄，美都是不变的话题和追求，除非是自己放弃变美，否则谁都无法改变自己对变美的追求。

自从接触了与美有关的事业后，我希望每一位女子都是"好"生活、"好"容颜，活得高品质而随性，既有独立的经济基础和好的情感归宿，也有诗和远方。

我认为，美是一种有形的资本，也是一种无形的竞争力。在我的眼里，每一个女子都是落入凡间的精灵，不应该被世俗所污染，而是能够活出独一无二的美丽自己。

美，是女人精致的妆容；

美，是女人优雅的身段；

美，是女人热爱生活的态度；

美，是女人从未停止学习的精神；

美，就是女人本身！

这是我对美的认知与感悟，也是我创作这本书的初衷和心愿，希望把我从事美业这么多年的心得体会和感悟分享给大家，让大家意识到什么才是真正的美。由外及内，由内养外。我们每个人都无法控制年龄增长，但可以控制在年龄增长的过程中美丽优雅地老去，而不是提前向岁月妥协。用美向岁月宣战，不再慌恐"岁月不饶人"，因为美让女人敢大声说"我亦不曾饶过岁月"。就像有句话说的那样，"这一生，总有一笔钱要花，要么花在保养上，要么花在维修上。"我希望，每一个想要把握未来的女性，都是把钱花在变美上，这是一个奖励自己的过程，而不是把钱花在维修上，因为那是一个折磨自己的过程。

本书是一本美丽之书、时尚之书，是一套颜值经济学，将美容、美妆、美体、服饰、色彩、妆容以实用、适用的原则带入形象设计的元素之中，向读者介绍变美之道。

最后，愿在爱美、变美的路上，与众姐妹共勉！

目录

第1章 颜值经济学的共识与趋势

颜值即价值 / 2

收入提高消费升级，推动颜值经济 / 5

颜值经济走俏，人们为"好看"埋单 / 8

颜值与收入的相关性 / 11

高颜值做事有优势 / 13

美丽是自信的资本 / 16

视觉年龄已经成为共识 / 18

医美和微整悄然绽放女性美 / 21

第2章 女人变美，你的世界才会更美

放弃形象，生活就会放弃你 / 24

安全感来源于让自己变得更美 / 28

最重要的是投资自己 / 31

"忙"不是借口，"又忙又美"才厉害 / 35

"全职"不是理由，爱美是一种态度 / 39

"丑"是懒和懈怠的代名词 / 42

爱美，是对自己的尊重和嘉奖 / 46

第 3 章　外在美：看得见的竞争力

皮肤：美丽的基础 / 50

身材：实力的外在表现 / 53

声音：社交场合的第二张名片 / 56

谈吐：说话让人舒服是一种能力 / 58

健康：真正地爱自己 / 61

气质：最高级的性感 / 64

气场：精神力量的真实显露 / 67

性感：美的另一种味道 / 70

服装：穿衣风格凸显个人魅力 / 72

美发：发质里藏着你的生活态度 / 76

香水：代表女人的独特品位 / 80

指甲：精致的女人看细节 / 83

饰品：给美丽加点料 / 85

第 4 章　内在美：持久稳定的软实力

最大的魅力来自优雅 / 90

真正的力量是温柔 / 94

示弱不弱，逞强不强 / 96

拥有同理心和共情力 / 99

优秀和成功离不开自驱力 / 103

自律的人最自由 / 106

投资自己是最高级的保养 / 110

拥有成长型思维才能永远年轻 / 113

第5章 学识美：让美变得不肤浅

恒久的美来自学识 / 118

成为一个持续学习的人 / 121

聪明的女人会利用时间 / 124

成为大格局的女人 / 127

拥有好习惯才能悄悄变优秀 / 131

真正厉害的人有自控力 / 135

懂得自我欣赏，活出自信 / 138

用兴趣抵挡平庸的生活 / 141

用"独立"展现高价值感 / 146

修复玻璃心，学会反脆弱 / 150

美商：智慧女性一生的必修课 / 153

爱美的女人有未来

第 6 章　生活美：打造人生主战场

做家庭管理的 CEO / 158

同爱人一起成长蜕变 / 161

和孩子共成长，做榜样型妈妈 / 165

不要在抱怨中变丑 / 169

最好的生活状态是"活在当下" / 173

职场和家庭是女人的两个阵地 / 177

追求幸福，而不是比谁更幸福 / 180

仪式感：给生活加点料 / 183

干净的房间里藏着福气 / 187

断舍离：让生活更加精致 / 190

后记　/ 194

第 1 章
颜值经济学的共识与趋势

爱美的女人有未来

颜值即价值

"颜值",从字面上来解释,就是容颜的价值,通过外貌、体形、皮肤与气质等特征来展现。一个人的外在形象能产生不可估量的价值,比如古代四大美女——貂蝉、杨玉环、西施、王昭君,美得各有特点,且流传至今。再比如现代,貌美的明星、品牌形象代言人、直播网红,大多是在颜值的带动下产生了价值。

可以说,颜值的价值不容小觑。那么,颜值对于一个人到底有多重要呢?

颜值会直接影响我们对一个人的印象。

杨澜曾说过一句话:"没有人有义务通过你邋遢的外表去发现你优秀的内在。"当你的外表一塌糊涂的时候,不要企望着他人会对你有太多的好感,因为对自己的外表都不用心经营的人,很难让人认为他会对其他事情也上心,诸如本职工作。

相反，一个颜值高的人总会让人与美好的词汇联想到一起。试想一下，当你需要将公司的形象向外界展示的时候，你需要的一定是衣着得体、行为得当的高颜值姑娘或小伙子。

吴晓波曾在 2019 年跨年演讲时提出"颜价比"的新概念，也就是 90% 的颜值 +10% 的微创新 = 颜价比，这意味着在人们愿意为场景、心情、品质埋单以外，也愿意为颜值付出。

据医疗美容行业统计，近 70% 的职场人士每月会拿出工资的 20% 左右进行"颜值投入"，14% 的受访人表示：每月"颜值投入"花费超过工资，在现实生活中，"95 后"悄悄成为医美消费的主力军。越来越多的人意识到，容貌代表着实力与可能性，代表拥有了被人认可的前提和基础。

理塘一个叫丁真的男孩在一夜之间家喻户晓，被网友称为"纯真小包总""野生霍建华"……关于他的话题微博阅读超八千多万，微信指数从 138.94% 一路飙升至 4 886.64%；话题为"野性又纯真并存是怎么做到的"的视频拥有超过 200 万次赞……这些成绩的背后都离不开丁真的"颜值"。在视频中，丁真纯真干净的笑容，清澈的双眸，再加上特有的高原健康红，不仅让他的面容回归到了最原始的状态，更让人找到了纯净、美好又质朴的感觉。

颜值会在第一印象上加分，这也符合心理学上的"首因效应"。这一效应由美国心理学家洛钦斯首先提出，指的是交往双方形成的第一次

爱美的女人有未来

印象对今后交往关系的影响。如果一个人在初次见面时给人留下良好的印象，那么人们就愿意再次和他接近，彼此也能较快地取得相互信任，并会影响人们对他以后一系列行为和表现的解释。反之，对于一个初次见面就引起对方反感的人，即使由于各种原因难以避免与之接触，人们也会对之很冷淡，严重的话，甚至会在心理上和实际行为中与之产生对抗状态。

可见，颜值并不仅是让人看了舒服不舒服，而是由此会带来后续的一系列变化。这就是颜值的价值。

再比如，我们在招聘员工筛选简历、相亲网站上找对象，首先关注的是照片顺不顺眼，然后才会看姓名、学历、年龄、专业背景、从业经历等。所以，注重人的容貌是人的下意识反应。就算到菜市场买菜，人们也会选外观整齐漂亮的蔬菜瓜果，歪瓜裂枣就没那么好卖了。

"颜值的价值"还有另外一种启示，就是我们既然生存在电子媒介时代，必须要学会更好地适应时代，在提升自己内在的同时，也需要关注自身的形象，通过外在的修饰和内在的提升，达到内外兼养，从看脸上升到看人，最终的目的是让我们的颜值产生经济学价值。

收入提高消费升级，推动颜值经济

根据马斯洛需求层次理论，当收入增长达到一定阶段，生理需求和安全需求得到基本满足，社交、尊重和自我实现需求就会迎来快速的增长，而个人外在形象的塑造和完善与社交、尊重甚至自我实现需求息息相关。

近年来，人们越来越认为颜值和人整体的生活水平提升有直接关系。当人们刚刚解决温饱问题的时代，物资匮乏，人们只能过"填饱肚子"的生活，对于穿衣打扮和外在修饰方面，讲究"新三年，旧三年，缝缝补补又三年"的勤俭朴素理念，追求外在美反倒被认为是一种奢靡之风，甚至对美刻意回避。随着市场经济最大限度地释放了生产力，人们的生活水平逐渐提升，收入提高自然伴随着消费的升级，从而激发了更多的需求，激发了人们对"美"的追求。物质过剩时代精神消费突起，仪容仪表又是人精神面貌的外在体现。尤其是在社交高频快的当

下,"颜值"就如一张亮闪闪的名片。

当全球化裹挟着视觉文化时代媒介的循诱、扩散效应,将女性爱美的天性挖掘放大,人们开始在自己的"颜值"上进行投资。微整、激光祛斑、胶原蛋白填埋……这些高科技让无数女性实现了让自己变得更美的梦想。

爱美是人的本性,在全民直播、小视频火爆的移动互联网时代的推波助澜下,这一本性诉求得到空前释放,人们对美的追求不再含蓄。"90后""00后"正慢慢承接起消费大军的主力位置,美妆、医疗美容、美颜相机、潮流服饰等可以提升外在颜值的行业迎来爆发式增长。

从行业角度来看,随着人均可支配收入的逐年上升,促使女性消费者为变美消费的意愿越来越强,尤其是"90后""00后"这个"抗初老"年轻群体,对于美的追求有更大的热情,颜值经济迎来爆发。颜值经济的背后是新生代消费者的崛起,2017年我国人均GDP刚刚跨过8 000美元,一二线城市人均GDP多为10 000~20 000美元,正处于中高端消费的快速提升期。此时,地位和身份认可需求带来的攀高性消费心理推动着消费群体越来越关注颜值消费。

"80后"和"90后"正成为颜值经济的消费大军,贡献了超53%的消费,他们的消费意愿显著高于上一代。根据预测,他们的消费力将以平均14%的幅度增长,为上一代消费力增速的2倍。

新世代消费力增长与互联网快速发展并行,赋予了新世代追逐个性潮流、生活品质、关注颜值的特性。目前，中国美容美发化妆品的需求量已处于亚洲第一，全球仅次于美国和法国。多数医院的皮肤科和整形外科就诊人数逐年增长。

互联网只是推动颜值经济发展的手段，颜值经济的兴起，从根本上还是因为经济水平和社会文化的改变，让中国人对美的追求不再含蓄。和颜值有关的商品和服务快速增长，是经济发展水平提高、消费升级的一个重要表现……为了提升自己的颜值，人们舍得消费、乐于消费。

对于女性而言，收入提高消费升级也是实现自己的权利和释放自己的天性。

爱美不是攀比。让自己变美变精致是一种向往美好的仪式感，也是一种积极内修的生活态度。学会从"颜值"方面为自己投资，敢于突破，开启属于女性的精致逆袭。

爱美的女人有未来

颜值经济走俏，人们为"好看"埋单

现在肯为自身颜值花钱的人越来越多了，不仅限于面容，更有身体上的塑形；愿意花这份钱的年轻人也是越来越多，更不限于女性。

颜值经济走俏，人们愿意为了好看而埋单。

大多数女性在手机里安装了拍摄美化类APP，如美图秀秀、Face U、美颜相机。在美妆个护及服饰方面也比之前更愿意花钱，尤其近两年汉服、潮鞋、美妆护理品牌等都成为消费市场最青睐的领域。除了注意外形上的美之外，人们对于身材管理也重视了起来。随着健身房的火热，以及KEEP、微信运动等APP或小程序，让运动健身进入快速发展期，人们不但想美而且想要健康的美。医美的市场也多了起来，比如线下医美机构、微整形等。有数据显示，中国医疗美容的流行趋势愈加明显。医美行业在2015~2019年实现了29%的高速增长，明显高于8%的世界平均水平。据中国整形美容行业协会发布的年度报告预测，到2022年，中国整形市场规模将达到3 000亿元。

据上海证券报报道，来自第三方机构最新调查问卷显示，"85后"最舍得为"颜值"埋单；"00后"微整形花费高；近三成人认为颜值直接影响收入。其中，超两成一线城市女性每月"臭美"花费高于3 000元；最舍得花钱的男性则来自二线城市，其中有17.65%的人每月花费超千元"扮靓"自己。

随着社交媒体等大众传媒的引导、渲染和强化，颜值的重要性得到了更多人的认同，尤其是年轻群体。无论是普通的人际交往，还是择业、择偶，高颜值似乎意味着一条更低难度的人生道路。

因此，无论是出于弥补缺陷，还是出于择偶、择业的考虑，或者为了变得更像理想中的自己，人们都开始为自己的颜值进行投资，而操心孩子未来的家长们也慢慢转变了态度，对医美有了更高的认可度。

对容貌关注度的持续提升也让更多的消费者愿意为美付出更多的精力和"金"力。而在认知上，消费者对颜值打造的需求不再仅仅是面部优化，而是走向"面面俱到"，健身、瑜伽、美体等领域都颇受大众关注，成为改善颜值的方式。

随着人们对颜值经济的认可与需求的不断提升，未来人们将在自己"面子"上的消费和投资会越来越多，这是社会发展的趋势，也是人们自我认可和变美思维的升级。

颜值与收入的相关性

哲学家亚里士多德曾对弟子们说:"俊美的相貌是比任何介绍信都管用的推荐书。"可见,俊美出众的相貌可以说是一种先天的资本和优势。在我国,无论古代还是现代,有不少人因长相出众而被认可。

日本作家橘玲在自己的《残酷:不能说的人性真相》一书里提到,以日本的平均年收入来计算,20多岁的女性平均年收入300万日元(约人民币17.6万元)。其中,美女每年可拿到24万日元(约人民币1.4万元)的奖金,丑女却需支付12万日元(约人民币7 043元)的罚款。

许多研究表明,颜值与收入成一定的正比关系,高颜值会产生"溢价效应",并且能够给人带来高收入。

可见,长得好不好已不再是让人看得顺眼不顺眼这么简单的事情了,而是上升到了经济学范畴。颜值高的人通常更容易获得更多的关注和机会,进而成长得更快,发展得更好。

爱美的女人有未来

当下是一个信息高度传播、娱乐业爆发性增长的时代，高颜值在信息传播和外界关注上就会有更大的优势，正是因为当下的环境和时代，不得不让人们感叹这是一个"靠脸吃饭"的年代。

颜值能够带来收入背后有一定的逻辑支持，首先，互联网的普及让颜值高的人在互联网环境中更容易获得关注度，关注度越高流量就越多，而流量的多少决定变现的多少。其次，自媒体的蓬勃发展也在进一步强化颜值的影响力。在新浪微博上，一位拥有100万粉丝的"90后"女孩的变现方法是拍摄个人写真集进行出售，同时也在微博上刊登服装、化妆品、手机游戏、电竞和体育赛事的广告，同时她也在电竞网站上做兼职主播，而她操作这种商业模式的基础则是个人的颜值。

就目前来看，高颜值确实为很多人带来了高回报，有人获得了名誉，有人获得了经济收益，由此整形美容、美颜相机、手机APP等行业也收获了属于它们的市场繁荣。

高颜值做事有优势

女人长得漂亮是优势，活得漂亮是本事。不论是优势还是本事都说明女性既要有本事也要有颜值。如果颜值、人品和智慧组成了一个人的全部实力，那么将三者排个序，颜值应该排在首位。因为，一个人的人品是经过共事后才能被人发现和认可的，智慧也是如此，而颜值却是最直观外显的因素，长得好不好，看着舒不舒服，一目了然。随着时代的推移以及互联网的发展，人们的碎片注意力集中时间正在逐年降低。换句话说，人们的注意力越来越有限，那最容易胜出的往往是能用最短时间抓取眼球、最直白的那一个，而颜值作为人与人之间相处时的第一眼感官最直白。

某电视台为了印证"颜值的优势"，特意做了一期街头随机活动。活动找来一个女孩当志愿者，第一轮测试是用化妆术把女孩化妆成了一个丑女，让她以"丢了钱包，手机没电"为由，站在繁华的大街上，找男性借钱。测试结果，只有一个男性出于同情给了她100元。第二轮测试是将这个女孩化妆成了一个美丽清纯楚楚动人的少女，同样的地点，同样的理由。测试结果显示，女孩很轻易就借到了1 500元。她向20个不同年龄段的男性开口，结果大部分男性都显得慷慨大方，甚至还有人主动加了女孩的微信。

某大学也做了一个实验，让20名男生看200张女生的照片并且根据颜值做出评判，分为面容姣好和长相平庸两组。并且将男生分成两组与选出来的两组女生进行分组搭对进行游戏，每组男生和女生都能获得一小笔钱，然后判断男生是否愿意跟他们所搭的女生分得这笔钱，同时，研究人员会观测每组男生的脑电波，记录他们的反射时间。研究人员发现，男生们更乐意于接受来自漂亮女生的不平等交易。在面对漂亮女生时，如果分钱的方式是公平的，他们的反应速度也更快。而当分钱的方式不公正时，他们的反应速度则更慢。同时，通过他们的脑电波扫描，研究者发现，当男生们面对长相平庸的女生时，他们对不公平交易的反应更加敏锐。而面对面容姣好的女生时，他们在分钱过程中获得的满足感也更多。实验证明：人们普遍对面容姣好的人更加友善。

心理学上有个专有名词——光环效应，又称晕轮效应，它是一种影响人际知觉的因素。这种爱屋及乌的强烈知觉的品质或特点，就像月晕的光环一样，向周围弥漫、扩散，所以人们就形象地称这一心理效应为光环效应。当一个人长相漂亮的时候，光环效应会驱使我们认为这个人也具备其他美好的品质。这就是为什么我们更容易对长得漂亮的人一见钟情。

当今社会，一个女生颜值高，无论是择偶还是择业都具备一定的优势。现在是碎片化的社交模式，人们没有更多的耐心和时间去长时间深入了解一个人，往往都是靠第一感觉，也就是以"看脸"来决定这个人是否值得交往。所以，颜值的重要性被一再放大。根据大数据显示，全球每天有18亿张照片被放到网络上，大部分为自拍照，高颜值已经成为获取关注度最简单直接的方式。另一方面，自媒体与泛娱乐产业的快速发展让"相貌"的商业价值越来越大，从网红到直播平台，日益完善的产业链正在为颜值提供更多的变现渠道。

不夸张地讲，女性颜值高是一种"可变资本"，也是立足于世的优势。当然，颜值是女性的一部分优势，想要更多的优势与资本，不但要"修饰自己的外在美"，还要懂得"提升自己的内在"，培养自己的"竞争力"，提高自己的综合素养，不断让自己"升华"。

爱美的女人有未来

美丽是自信的资本

有人在知乎上提问,为什么天生丽质的女性更自信?这个答案很好回答,因为姣好的容貌、匀称的身段本身代表的就是一种看得见的资本。这种美丽,背后代表着健康、自律,甚至还代表了一定的财富。我们都知道,那些能够积极改善自己外观形象的人,一定是在实现了基本生活所需以后对自己的积极投资,还有一种是因为身心健康反映在外的美丽动人。一个健康的人,一个具有一定的经济基础的人,往往都是自信的。

首先,漂亮的女性往往拥有较高的自我评价。女孩子因为漂亮,从小就在父母的爱护和周围人的赞美声中长大,并对自己的魅力深信不疑;长大后由于漂亮走到哪里都会成为众人关注的焦点!从小到大都漂亮的女孩会比同龄的女生获得更多的社会资源,因此会产生一定的优越感,自我评价处于较高的水平,这样就会更容易获得自信心。

其次，漂亮的女性更容易获得良好的外界反馈。我们生活的环境对于漂亮的外貌总会给予良好的反馈。对于漂亮的女性，我们总会忍不住投去关注的目光，并在接触的时候表现出赞赏的语言和行动。这些外界的反馈，恰好验证了她对于自我的高水平评价，进一步使自己获得了自信。

女人的自信并非与生俱来，而是在成长的过程中慢慢培养起来的！而漂亮的女人无论顺境、逆境总会受到别人的帮助，无论做什么事都更容易事半功倍，所以漂亮的女人做什么事都信心十足！

拥有漂亮的外貌当然是好的，但没有漂亮的外貌也不必灰心，大多数的自信都源自内心的自我认可，我们完全可以通过其他的方面来获得自信，比如得体的举止、优良的学识，甚至积极的自我暗示等。

说到底，漂亮和自信是会互相影响的。漂亮的女性很自信，自信的女性很漂亮。

爱美的女人有未来

视觉年龄已经成为共识

两个人明明年龄相同,却在视觉年龄上明显产生了差距,前者小鲜肉一枚,后者就像小鲜肉的爹。"视觉年龄"的意思是,看上去像多大就是多大,影响年龄的不是数字,而是脸的状态。所以说,年龄不是问题,视觉年龄才是问题。

比如,人们把赵雅芝称为"不老女神",是人们心目中永远的"白娘子",把李若彤看成是现实中的"神仙姐姐",把舞蹈家杨丽萍看成一只"优雅的孔雀"……她们的魅力来源于视觉年龄比实际年龄要年轻得多,看起来比实际年龄至少年轻20岁。她们有明星这一身份,需要不断保养、运动,在饮食和其他方面都很自律,没有天生的美人,她们靠着变美的意志力和各种外在的辅助让身心得到滋养,从而实现了只增年龄不变老的"神话"。

现如今,看一个人是否年轻,往往是通过第一印象判断的,用眼睛

看到的才是最直观的，所以才有人感叹，你向我展示出来的视觉年龄就是你真实的年龄，而不是身份证上的数字。

遗传到一张美丽的容颜很容易，但在漫长的岁月中应对生活的各种压力还能让自己保持一种视觉上的年轻态，这就是一种能力。时尚女魔头香奈儿说："一个女人只有自律才能拿回属于自己的一切，因为重要的根本不是美貌本身，而是坚持美貌的能力。"能一直美下去，才是一个女人的终极梦想；能一直美下去，才是一个女人能力的真正体现！这种能力就是一个女人的综合实力，貌美、型美、智美、德美等全方位的提升。所以说，美丽的背后，包含着一个女人对自我、对生活、对人生的有效管理和掌控。

曾有人说，17岁时你不漂亮，可以怪没有遗传到好基因，没有美丽的容貌；但是30岁了依然不漂亮，就只能责怪自己，因为在那么漫长的日子里，你没有往生命里注入新的东西。在这个愈发追求内在美的时代里，有些人慢慢放弃了外在的打理和欲望，觉得外在美是无用的，甚至对长得漂亮的人嗤之以鼻，认为她们没有自己的内在有趣。然而，外在如果不精致，很难有机会让人看到内在的有趣。

在这个快节奏的时代，想要维持视觉上的年轻化，就需要对美有一定的认知，需要有一颗向美的心，在与岁月对抗的过程中，放慢变老的速度。

网上有一句话："你的命运，写在你的脸上。"确实，时光是一把雕

刻刀，在岁月中一刀刀地把人雕刻，有的人会变得愈发美丽有气质，有的人却如同被霜雪摧残过的植物，过早地失去了本该有的生机与风采。要知道，手拿这把刻刀的人其实正是我们自己。我们呈现给别人什么样的形象，完全取决于我们自己。

医美和微整悄然绽放女性美

随着颜值经济学的兴起,美容医院、医疗整形、美妆产业应运而生且异常繁荣。先天不足后天弥补,已成为女性悄然变美的一个途径和选择。如今的医美行业已与前几年不同,不只是演艺人员以及少量网红会选择用医美来完善自己的容颜。医美消费由以往的"低频、重大"消费转为较为固定的日常支出。近几年来,医美消费不断破圈,无论是"95后",还是"80后",医美消费正在进入他们的日常生活,且从一二线城市渗透到三四线城市。根据CBNData(第一财经商业数据中心)消费大数据显示,"初抗老"的"90后""95后"已经超越"80后""85后"成为线上抗衰老第一大消费群体;虽然"85后"的人均消费依旧最高,但是"90后"加速消费升级,有赶超的趋势。

在医美还不完全兴盛以前,各种昂贵的护肤品是大家追捧的对象。但是再贵的护肤品,如果想要把容颜留住,也是有难度的。于是,能够

爱美的女人有未来

直接激活真皮层达到美容的医美行业快速发展起来。科学护肤是最好的抗衰手段，根据不同年龄、肤质，除了选择不同的保养和护肤方式，也可以选择医美手段辅助。有了医美，大家也能像演艺明星一样，掌握对抗时间的武器，让衰老来得更晚一点。

在当下科技与科学都高度发达的时代，整容已经不再是明星的事情，也不再是一件奢侈和做不到的事情，通过科技手段让我们拥有干净的肌肤、精致的五官、匀称的身材已经成为可能。

有一个女孩从事财务工作，平时不怎么见客户，在职场上也是业绩平平，按部就班地过着自己平淡的生活。有一次，看到业务同事去割了双眼皮，垫高了鼻梁，整个人的气场全开，变得越来越自信，受其影响，女孩也决定对自己不满意的眼型去做了微调，整个人的形象一下子提升了不少。她渐渐地变得自信和开朗起来，同事们都说她比以前好打交道多了，笑容也多了，用她的话说，自从变得好看以后，在工作上，感觉接触的人都变得更友好了。

变美是现如今很多女人的追求。女人美丽才是王道，保持美丽是女人一生要追求的事业。

第 2 章
女人变美，你的世界才会更美

爱美的女人有未来

放弃形象，生活就会放弃你

"没有丑女人，只有懒女人""没有不会美的女人，只有不愿美的女人"。可见，美不仅是一种能力，也是一种态度。有的女人无论年龄如何，无论身份如何，都会让自己过得精致。也有一小部分人，并不在意自己的颜值，甚至在颜值上自暴自弃。但不夸张地讲，如果女人放弃形象，就会失去很多机会，生活中也会因为不在意自己的形象，而让别人也不太在意你。

一个女人变老的迹象就是从不爱美、不爱打扮自己开始的。有的女人四十岁不到就认为自己已经老了，没必要注重穿衣打扮了，而这恰恰是放弃自己的开始。女人不管到什么年龄，只要不放弃自己，永远都是美丽的、漂亮的。

有一个女孩，嫁了一个经济条件不错的老公，周围朋友都向她投去了羡慕的眼神。结婚两年后，她生了宝宝，过起了全职太太的生活。闺蜜约她出去健身，她以孩子需要有人陪伴为理由婉拒了。她也不再像以前那样打扮自己，身材走样不说，皮肤也没有光泽。一个亭亭玉立的妙龄少女，转眼间变成了一个油腻的中年大妈。丈夫事业做得越来越大，经常出差不在家，偶尔回来发现妻子完全不修边幅，也会提醒她该去美美容、健健身，让她找回自己的圈子。而她却说两个孩子占据了自己所有的生活，当好妈妈、维护好一个家庭比美容健身要靠谱得多。丈夫听了非常心疼妻子，于是提出雇个保姆来帮助她。而她却说把钱省下来给孩子报各种补习班。就这样，女人一直陪伴孩子从幼儿园到小学，直到孩子上了初中，她才觉得有时间来打扮自己了。看着镜子里的自己：走样的身材、无光泽的皮肤、无神采的眼神，整个人看起来显老又疲惫。丈夫从来不带她去参加公司的聚会，甚至偶尔一起逛个超市也要故意拉开一段距离。她向闺蜜抱怨："男人没一个好东西，结婚前满心满眼都是你，结婚后有了孩子，完全不把女人放在眼里。"闺蜜劝她，"不是男人变了，是女人先不爱自己了才导致男人不再爱你。当了妈妈，也不应该放弃自己的生活。"听了闺蜜的话，她才觉得这么多年为家、为孩子付出太多，却忽略了自己，走进婚姻成为母亲后却把自己弄丢了。

确实，女人随着年龄的增长，芳华渐逝，身材走样，谁又能保证怀揣着当初的誓言走过一生呢？岁月让我们变老不可怕，最可怕的是女人自己早早放弃追求美丽，活得潦草……看见过八十岁依然衣装靓丽、神采飞扬的老太太，也看见过不到四十岁已经满脸皱纹、衣装如大妈的女人，可见美丽与年龄并无多少关系，全在于我们是否懂得善待自己、是否懂得投资自己。

还有一些人会自我安慰说外在形象的美是肤浅的美，内在的美才是真正的美。内在美的确是真正的美，但那是一种内敛、不轻易让人看到的美，需要经过长时间的验证。何况，内在美的人往往也会注重外在美，绝不允许自己对形象不负责任。因为没有一个具有内在美的人显示在外面的是丑的。试想，一个内在自律的人怎么能够允许自己变成水桶腰、大象腿呢？一个内在热爱生活的人，怎么可能不修边幅，油腻而邋遢？一个积极向上的人，怎么可能管不住嘴又迈不开腿，任由自己变胖变丑呢？所以，真正的内在美折射出来的也一定是外在的清爽、干净和让人看了舒服。反过来，一个好的外在形象，也会促使人变成一个内在美的人，因为注重形象的人，不单单注重外在的形象，更注重内在不给别人以丑陋的展示。

杨澜在英国有过这样一段经历。一次面试时，她衣着普通，也没有化妆。面试的时候，面试官说："你的形象气质和简历完全不符合，我拒绝向你提问。"

面试失败以后，她很失落，穿着睡衣裹了件外套就披头散发地去了咖啡厅。咖啡厅里人很多，她被安排坐在一位优雅的老太太面前。老太太穿着精致的高跟鞋和丝袜，看了她一眼，便写了一张便签给她：洗手间在你左后方拐弯处。她疑惑地来到洗手间，在看到镜子里的自己时，她瞬间明白了，自己面试被拒的理由是穿着随意，愤慨于对方的以貌取人，却发现原来自己的邋遢也是对别人的不尊重。当她整理好衣服回来时，看到老太太已经走了，只留下了一张便笺：作为女人，你必须精致，这是一个女人的尊严。

精致的外表和形象代表一种生活的态度，一种不让别人看轻的自我爱惜。别再过于相信心灵美与内在美更重要更长久的言论，因为无数现实告诉我们，让人赏心悦目的颜值和外形，才是展示心灵美与内在美的敲门砖。不要因为自己放弃形象，而给了别人放弃你的理由和借口。

安全感来源于让自己变得更美

对于女人而言，安全感究竟意味着什么？有个段子是这样说的，女人的安全感来自手机里满格的电量，银行卡上的数字和随身不忘的家门钥匙。现在可以再加一条，自给自足的实力和心疼自己的能力。很多女性觉得安全感是男友或爱人秒回的信息，是爱人的每一份承诺，是过路时紧牵着的双手以及他时时处处的温柔言行。其实，每个女性最大的安全感是自己给的——元气满满地赚钱，精致优雅地细品人间烟火，闲看庭前花开花落，漫观天上云卷云舒。

对于女人来说，保持安全感的唯一途径，就是保持美丽并且爱自己。只有自己爱自己，永不放弃自己，永远保持美丽优雅，又何愁会没有安全感呢？

张小娴在《面包树上的女人》中写道：作为一个女人，你最好很出色，或者很漂亮。女人出色不仅能够匹配出色的男人，而且因为自己的优秀和出色反而不会把所有的赌注都放在婚姻上，不会依附别人，会保持独立，收获了爱情固然可喜，如果没有也可以潇洒转身。女人最好的生活状态：有钱，变美。谈钱很庸俗，但没有钱寸步难行，当你穷的时候，才知道钱的重要性。谈容貌也庸俗，因为岁月催人老，谁都抵挡不住时光的脚步，但总有女人会实现逆生长，因为她爱惜自己容颜的同时，提升了自己的气质。因为提升了气质，顺带也就收获了金钱和爱情。

林志玲之所以被称为国民女神，就是具备金钱和美的两大资本。在变美的路上，她一直兢兢业业，数十年如一日地坚持锻炼，饮食均衡，合理作息。她完美的身材，再加之天生丽质且后天保养良好的天使面孔，也使她拥有了特别高的关注度。美丽的外表给她增添了自信。甜甜的嗓音，优雅的谈吐和大气的行事风格，也使她依靠实力摆脱了"花瓶"的称号，成为当之无愧的国民女神。她也因此赢得了人气、金钱，并收获了爱情。一切都看似顺遂，又有其必然性。

很多女人明明已是人到中年，却总能展现出冻龄少女的状态，因为她们在护肤及养生方面都十分注重，护肤与美容是她们的必修课，也是她们对自己的心疼与呵护。

心疼自己的人，一定是有欲望的人，一个人想美一定会有想美的冲动。接下来就是行动，最后考验冲动和行动的就是态度。

变美对于女人是升华，从肤浅的一面来说，变美意味着女为悦己者容。任何一个女人都想要吸引自己爱慕者的目光，为了心中的他能多看自己一眼，或者为了让自己更能配得上他，又或者要抓住他的心，不让其他竞争者有机可乘。而从深刻的一面来说，变美意味着有了更大的竞争力，在职场上也可以脱颖而出。最重要的是，变美是女人给世界的一道靓丽风景，给灰暗色调中的一抹亮色。这抹亮色不仅悦人还悦己。

当然，没有任何一个女人可以单靠美貌就赢得别人的尊重和爱慕，但是也没有任何一个女人可以素面朝天或以"丑得出众"来赢得别人的欣赏，更没有一个女人能不加修饰、不重保养与重塑就能与岁月抗衡。美不完全是为了取悦别人，其实更是尊重自己，因为你比自己想象的更为重要。

爱美的女子、有能力让自己变得更美的女子，通常都是积极乐观、热爱生活也热爱自己的人。她们不愿意将就着过一生，所以，努力地让自己活成更优秀的样子。

最重要的是投资自己

电视剧《我的前半生》里有一句很经典的台词：没有任何人可以成为你以为的今生今世的避风港，只有你自己才是自己最后的庇护所，再破败，再简陋，也好过寄人篱下。不懂投资自己的女人往往会有两个可能，一是投资了别人亏待了自己，二是想着投资别人从而去依靠别人。这两个可能对女性都不友好：其一，亏待了自己，别人却并不领情；其二，依靠别人始终是空中楼阁。

网络上有个帖子，标题是"妻子太节约，他想离婚"，内容大致是老婆太节约，不买新衣、新鞋、化妆品，男子觉得妻子这样做是在拉低自己的品位，所以提出了离婚……

有人可能觉得这个男人太不知好歹了！女人什么都不买，总比那些一直生活在买买买中的女人要强吧！既省钱又持家，多好啊！受中国传统文化的影响，女人应该相夫教子、勤俭持家，可是，经过相关部门调查发现，离婚的原因有多种：有的女子在控诉自己的老公，不是负心就是出轨，要不就是不顾家；有的男人也在控诉老婆不温柔或大嗓门或者不修边幅。这让我们不得不思考，当我们去抱怨和控诉男人的不负责任和不懂得珍惜时，还不如未雨绸缪想想如何先对自己负起责任。

有一个留学女生，毕业后原本有一份特别好的工作，但为了支持爱人的事业，选择回国做全职太太，打理起了爱人的衣食住行。她丈夫刚开始对她是百依百顺，在追求她的时候还曾说过："我真的是想把你养胖，因为养胖之后，你就不会跑了。"可当她生完孩子，体重从原来的 100 斤涨到 180 斤时，丈夫却因为她的体重对她的态度发生了 180 度的大转变，甚至直接对她说："你瘦的时候，怎么作都可以，但你现在胖成这样还这么作，我真是受不了。再说，你一个留学生怎么能让家庭绊住呢，你应该继续努力做你的事业，那样我们才有共同语言。"

听着这么伤人的话，她终于明白自己为了男人放弃自己的事业是多么不明智。看着孩子还那么小，她又不能立马选择离婚，只好一边带孩子，一边捡起自己的传媒专业做自媒体，分享自己的带娃育儿知识。当她的事业有了起色，积累了不少粉丝，男人又换了一副面孔，笑容多了，哄人的话也会说了。

这就是现实！女人不投资自己就会失去很多蜕变和成长的机会，一旦停止成长就会与不断成长的男人拉开距离，得到的就不会是尊重，而是看轻。所以，女人变美要从舍得为自己投资开始。

首先，要学会投资自己的面容。让自己变好，不一定拥有惊人的容貌，但一定要有干净的容颜。好好护理自己的面容，是对自己的尊重，也是对他人的尊重。干净的容貌可以给人良好的印象，有助于别人更加深入地了解你。

其次，学会投资自己的健康。人生的前半场和后半场都需要一个好的身体做基础。人生是一场马拉松，强健的身体是排除万难的基础，有了好的身体，才有可能加速前进；没有好的身体，人生之路只能越走越慢。女性要让自己保持健康才能美丽，舍得把钱花在饮食和睡眠上，也要舍得把钱花在运动和健身方面。珍惜自己的身体，不要强迫自己去做超出体力的事情，不要为了一些事情委屈自己的身体。要有健康的生活习惯，比如饮食习惯、作息习惯。千万不要通过节食或者吃减肥药换取好身材，不要因为情绪不佳以绝食来惩罚对方或者自己，这种幼稚的想法完全是在作践自己。病痛只有自己承受，没有人能替你承担分毫。建议每年做一次体检。很多疾病是因为发现得晚而耽误了最佳治疗时间。不要吝惜体检的钱，这是为自己买下定心丸。

再次，投资自己的学习。如果面容年轻、身体健康是资本的话，那么持续的学习能力让自己拥有别人拿不走的智慧，才是爱自己的更高境界。所以，女人要在学习方面对自己进行投资。女人可以用自己空闲的时间，去学习烹饪方面的知识，这是一个女人需要具备的最基本的生活技能；可以去学学插花，在手工工艺上有所进益，提升自己的气质；可以去学学舞蹈、练练瑜伽，让自己修身养性。当女人逐渐变得优秀起来，就能让自己越过越好。

最后，投资自己的事业。事业可以给一个女性带来底气和自信。

一个人的容貌会衰老，但是能力、人脉和收入都可以随着时间的增加而不断增高。女性创业力量近几年不断崛起，既有主观的原因，也有客观的原因。主观上，女性开始更爱自己，投资自己，释放自己的社会价值；客观上，女性也被赋予了更多的社会角色，对女性的社会标准也更多样化。这要感谢这个时代，新技术、新行业、新方式都在赋能女性走向更便捷的互联网创业。今天的女性极大地影响每一个家庭，包括上对父母，中对伴侣和下对子女，方方面面都在产生综合影响力。女性也在成为自己人生的 CEO 和教练，精进成为更好的自己。同时，女性也对整个社会的教育产生可持续的价值和影响力输出。

所以，女人若是能够舍得投资自己，多去接触一点新的事物，多去接受一点新的知识，就会让自己变得越来越有内涵。

"忙"不是借口，"又忙又美"才厉害

对于女性的幸福，有两种观点：一种认为是嫁得好，另一种认为是干得好。嫁得好的观念是：女人的幸福就是不用工作，有人养，家务活不用干，有人伺候。所以，她们觉得：嫁个好老公是女人幸福的根源和保障。干得好的观念是：女人必须拼尽全力为自己获得保障，比如要有经济实力成为女强人，男人靠不住，靠自己打拼才实在。她们不相信爱情，不相信丈夫，只相信自己。于是她们努力工作，废寝忘食，忙得顾不上家庭，顾不上生活，当然也顾不上自己。

事实上，这两种都有失偏颇，把幸福完全寄托在嫁一个好男人身上，不太可靠；反过来，把幸福寄托在自己身上，只顾拼尽全力打拼，完全不相信男人的观念也过于主观和片面。在我看来，女性想要真正把握属于自己的幸福还应该有第三种选择，那就是既要自己打拼，也要有能力经营爱情和婚姻，最终实现又忙又美又自由的人生。

女性的独立是任何时候都不能放弃的，无论是金钱上还是思想上。但是，整天忙于打拼而忽略了自己的女性，也是体会不到幸福的。所以，我们要选择第三种生活方式：又忙又美。

作家严歌苓曾说："靠父母，你可以成为公主；靠男人，你可以成为皇后；只有靠自己，你才可以成为女王。"女人想要的安全感、幸福感、归属感，说到底，都要靠自己的努力去赚取，才能悉数获得，才会持久。当一个女人，开始又忙又美，一切想要的东西也会慢慢朝你靠近。

有一位五十多岁的姐姐，她十分会保养，凡是见她第一面的人都觉得像是三十多岁的人，人们都亲切地称她为红姐。红姐是个名人，早年从事财富管理工作，有经商头脑，投资入股了长途客运赚了不少钱，成了当地小有名气的成功女性。有了钱以后，她依然从事财务管理工作，周末选择健身锻炼和泡图书馆，还自学了摄影和剪辑，平时会拍摄一些视频并剪辑成比较专业的小视频。而她的很多同龄朋友不是在棋牌室打牌就是天天逛街，红姐不喜欢这样的生活。她的生活理念就是：让自己忙起来，美起来，充实起来。她有着这样的生活态度，当然也是这样践行的。在儿子还在读小学时，红姐几乎每天陪着孩子一起读书、做作业、跑步、跳绳、练习书画和钢琴。用她的话来说，是重温了小学生活。孩子上初中，开始寄宿了，红姐就把更多的业余时间用来培训自己。她坚持晨跑、练瑜伽，练出了一个好身材。她广泛涉及各种领域的知识，参加读书会，学摄影和写作，并且与一个圈子里的人组成了户外登山群。她时常在朋友圈分享自己的生活，家里也被她收拾得干净整洁。明明是五十多岁的人了，状态却像三十多岁，真正实现了又忙又美的样子。

可能有人要说了，女人现在压力这么大，怎么能做到既兼顾工作又兼顾美貌呢？女性的生存压力的确是比之前有所增加，职场打拼和家庭照护已经分去女性大部分时间和精力，如果还要时时注重自己的身心健康和美丽，的确非常考验人的能力。但不少女性都能做到，我们为什么要自我设限呢？

想要又忙又美，我们还要根据自己的作息规律来养成一些小习惯。职场工作虽然忙，但是有些美容小技巧只需要几分钟甚至几秒钟，只要习惯养成了，坚持一段时间，你就能看到自己的气色会越来越好。

第一点，早晨起床后喝一杯温开水。经过一夜的水分消耗，人的身体会处于缺水状态，早上空腹来一杯温开水，不仅可以补充水分，还能促进肠胃的蠕动，排出体内的毒素，让皮肤水润。整个过程也就需要 5 秒钟。

第二点，中午简短的休息。中午饭过后，站立 15 分钟。如果可以，每日利用中午休息时间，在办公桌前小憩一会儿，时间不宜过长，20~30 分钟最佳，可以让你在下午保持旺盛的精力。

第三点，在两个时间段补充食物。一般来说，10:30 和 15:30 可以给自己补充一些零食增加能量，能量棒、水果都是不错的选择。几分钟的时间，还能调节一下你的心情。

第四点，工作中也不要忘记喝水。多喝水可以让皮肤保持润泽。但是，很多女性会忘记喝水。你可以去手机商店里搜一下提醒喝水的APP，随便选择一个免费的来作为提醒自己喝水的工具。另外，还可以在水中加入少量蜂蜜，这样可以使皮肤变得细腻光滑。如果觉得冲蜂蜜麻烦，喝一瓶补充气血的营养品也是一个不错的选择。

第五点，美容觉。都说美容觉的时间是晚上22:00到次日凌晨2:00，没有特殊工作的时候，按时入睡也是非常必要的。有时，职场女性睡觉晚并不是因为工作的原因，而是一到晚上就抱着手机刷不停。切忌：睡前刷手机或者做大量运动，会让人兴奋得难以入睡。

女人追求又忙又美，忙的是事业，是让自己拥有经济和情感独立的基础和根本。忙的是家庭和孩子，是一种责任。美的是自己的外在的好看和内在的健康，还有心情。又忙又美，是一种生活态度：创造自我存在价值的同时，也不忘记欣赏，体会生活的美。所以，我们一定要做一个又忙又美的女人。

"全职"不是理由,爱美是一种态度

有不少全职妈妈觉得自己天天宅在家,没有多少社交活动,不用出去应酬和工作,美不美无所谓。所以,她们选择不打扮自己,穿着宽大的居家服,围着灶台转,自己没有圈子,过着十分封闭的生活,不是跟孩子在学习上较劲,就是跟丈夫在生活中发生点摩擦,最后活得十分疲惫又狼狈。其实,"全职"不是理由,而是一种态度。

当女人为了家庭放弃自己的事业,在家相夫教子,会有两种不同的状态。一种是为了应付家里的家务、小孩等,没有时间打理自己,导致皮肤松弛,身材臃肿变形,甚至还会思想落伍,如果是这样的话,基本就是对自己人生的放弃和不负责任。全职家庭主妇丧失自我的第一步往往就是从不再打理自己的身材和皮肤开始的。如果遇上朋友好心相劝,自己还会找诸多理由来搪塞,例如"家庭琐事太多了,根本没空管这些""哪有这心思管理身材""护肤太费钱了"……因此,很多女人的不幸，也是从身材变形开始的。另一种则是把自己活成了时尚辣妈，不但能把家庭和孩子打理得井井有条，还能把自己收拾得干净利落。

有一位叫简的全职太太，在日本读的研究生，所以习得了日本的文化。在日本，全职太太更像是一种职业，不比职业女性轻松。而且日本的女性在当全职太太的过程中，依然会把时间安排得十分紧凑，并且对自己的颜值打理十分注重。简回国以后，因为要照顾两个宝宝和丈夫的饮食起居，短期内无法重返职场，就安心当起了全职太太。她每天早上五点半准时起床，晚上九点半到十点准时上床睡觉。她和其他妈妈一样，负责接送孩子上学放学、做家务，但所有人看到的她永远是那么光彩亮丽，衣服熨烫得平平整整，鞋子和配饰搭配得恰到好处，每天要化淡妆、喷香水，头发打理得干净清爽，定期做皮肤护理和全身SPA，整个人看上去精致又优雅，不知道的人还以为她是一个职业白领。有人问简，为什么当了全职太太还不放松，还把自己打扮得像上班一样？简的回答很耐人寻味："我现在就是在上班，是家庭和自己的管理师。"

全职太太的确是一种职业，是家庭规划师、育儿师、厨师、保洁等，如果连全职太太这个职业都无法干好，又怎么能够顺利重返职场呢？

环顾当今社会，为什么"家庭主妇"这个话题频频被热议？因为大多数的家庭主妇没有自我、没有回到职场的底气、被丈夫看低、被婆家嫌弃，因此生出了非常多的家庭矛盾和纷争。如果不是家庭需要，我不建议任何一个女人当全职家庭主妇。在一地鸡毛的日子里，很容易会忘掉职场上的自己，甚至会失去自我。除非你有高度的自我觉悟、高度的自我约束和管理能力。如果情非得已必须做几年家庭主妇，那也一定不要为了家放弃自己，更不能用"全职"当理由，任由自己放纵下去。

记住以下三点：

第一点，老公孩子再重要，永远不及自己重要；

第二点，一定要保持爱自己，要护肤、要保持身材；

第三点，要保持自我学习、提高自我觉悟，时刻留存重返职场的底气。

爱美的女人有未来

"丑"是懒和懈怠的代名词

都说:"没有丑女人,只有懒女人。"这话很容易理解。如果一个人能够把时间花在保养、护肤、健身方面,那么即使长相不太好,也能通过后天找补一些气质和内涵。反之,如果天生丽质,但生活中疏于打理自己,把时间用在追剧熬夜、瘫在沙发里刷视频,也会因为缺乏保养和优质的睡眠以及适宜的护肤美容,让原本的亮丽渐渐失去颜色。

其实,人与人并没有太大的颜值差异,三分靠长相七分靠打扮。每一个颜值在线的女人都是靠精心装扮出来的,从穿衣搭配到妆容选择,每一天的锻炼和积累都会把自己逐步推向颜值巅峰。

很多"丑"人直接与"懒"画上了等号,她们不懂得管理自己的身材,当别人嘲笑她们的时候,她们觉得无所谓,因为减肥太辛苦,所以她们不会下定决心去减肥,而是继续懒下去。

当一个女人连自己的外在形象都不在乎的时候，那么随着时间的流逝，她的状态会越来越差。

大部分懒人的具体表现有以下几种：

当别人都在健身房挥汗如雨的时候，懒人却窝在沙发上抱着零食追电视剧；

当别人都在给皮肤做 SPA 的时候，懒人却一边熬着最长的夜，一边顶着黑眼圈刷着小视频；

当别人都在跟着时尚学搭配、化妆、做造型的时候，懒人却在逛地摊找便宜货，为自己几百元淘到一堆衣服而沾沾自喜；

当别人都变成了时尚辣妈，一边育儿一边精致的时候，懒人却说自从有了孩子再也抽不出时间打扮自己了；

当别人无论多忙都要在出门之前给自己化个淡妆的时候，懒人却可以顶着油腻的头发、素到极致的脸出门，并且自我安慰说这是自然美……

曾国藩曾说过："天下古今之庸人，皆以一惰字致败。"无论是普通人还是想要变美的人，如果本身资质平平，再懒就等于坠入深渊，没有任何逆袭和改变的可能。

演员闫妮在 2019 年春晚上的亮相惊艳了众人，一身干练的小西装凸显出了苗条的身材，整个人显得既青春又活力，全然看不出已经四十多岁。在此之前，她在观众的眼里还是《武林外传》中那个长相普通，带着一股乡土气息的佟湘玉佟掌柜。闫妮在拍《武林外传》时离了婚，变成了单亲妈妈，经历了一段时间的低落后，她没有被生活打败，而是选择了逆风前行。但好长一段时间，闫妮依然处在"中年妇女"的形象中。沉寂了一段时间的她，发现自己不能再这样下去了，便开始健身减肥。她在接受记者采访的时候说，自己那段时间开始戒掉了"懒"，并积极健身。等观众再次看到她时，她已经瘦了30斤，身姿窈窕，气质出众。

爱美才能使自己平凡的面孔生出一些不平凡来，爱美的女人决不会是个懒人。懒，是女人最大的缺陷。

该化妆的时候要化上美美的妆，不是为了取悦别人，而是为了取悦自己。

该睡觉的时候要尽早上床睡觉！想美就一定要睡足美容觉，你熬的不是夜，是自己的健康和美丽。

该吃补养的东西要去进行营养搭配，由内而外的美才是真的美。

该让自己松弛的皮肤、下垂的身材变美就要积极去锻炼，去改善。

人到中年，选择运动而不是节食，运动促使新陈代谢加快，皮肤也会变好。

节食只能让脸色变得难看，身体营养跟不上，健康让人担忧，一旦管不住嘴，反弹得更快。

逆生长不是不可以。没有一个人是天生自律，自己比自己，才是真的不容易。如果我们任由自己的身体垮塌下去，肌肉、细胞、神态也会悄悄老去。只有时刻提醒自己，"我可以活得更健康，更年轻"，潜意识里就会有一股积极的力量来推动自己，去实现逆生长才有可能。

当我们心情不好，却能努力让自己开心时；

当我们想要贪吃，却能管住自己的嘴时；

当我们想要偷懒，却能迈开自己的腿时；

这个时候，戒掉了"懒"，戒掉了"放任"，才会让自己在变美的路上越来越勤快。

爱美，是对自己的尊重和嘉奖

"女为悦己者容"，意思是说女人的穿衣打扮是为了给喜欢自己的人看。这句话没错，但我还想补充一句，女人的爱美，不仅仅是为了别人的眼光，更多的是为了取悦自己。

多年前，作家严歌苓因为一心在家写作，不出门也不打扮自己。一次，老公下班回来对她说："你在我眼里，老是一副刚从被窝爬出来的形象。"不经意的一句话，改变了她的想法。原来觉得不出门在家随意，但随意却换来了男人的不尊重。之后，她无论是在家还是出门，每天都会画上精致的妆容，穿上得体的衣服。自此丈夫也更尊重她，俩人也越来越恩爱。

电视剧《好好爱自己》中，刘涛给一个丈夫出轨了的女人化完妆后，对她说：化妆，是一段非常独特的经历，因为不可能画出同样的妆容，值得记住这一瞬间。其实，人什么时候开始都不晚，只要你永不放弃，你要懂得爱自己，善待自己，才能得到尊重。

女人出门买衣服或理个头发，化不化妆受到的待遇都不一样，你画得美美的，理发师的精心设计能让你锦上添花，服务员也会精心地为你推荐合适的衣服。

如果一个女人想变得更好，就应该把自己放到一个更美的环境当中去浸泡，这里面包括你看的书，你看的风景，你看的电影，你吃过的饭，你喝过的水，你待过的环境。

女人好好打扮自己，是对自己的一种尊重和取悦。谁愿意面对一个邋遢的人？在生活中，谁都愿意和形象好的人在一起。

香奈儿曾说："一个女人不能亏待自己，要随时把自己打扮得精致些，这是对自己的奖赏。一个人真正的衰老，从来不是年龄的增长，而是丧失对美的热爱，以及对自我的要求。"

而爱美就是寻找自身的一种平衡。脖子以上的面部及发型和脖子以下的身形的平衡称之为人体平衡，所以，管理自己就是要我们哪里不平衡就去修炼哪里。当人体平衡后，还要考虑人体与服饰的平衡。外在平衡不能忽略包装的重要性，服饰就是人体的包装。这些外在的平衡会让你心情愉悦，使你的生活变得更加井然有序，从而让好的机遇接踵而来，最终帮助你获得更深层次的幸福。

爱美是人的天性，凡是天性中所固有的必须趁适当的时机去培养，否则像花草不及时种下、及时养护一样，就会枯萎凋零。爱美，可以说是女人的天性，是女性生命绽放追求不可或缺的重要源泉，也是对自己生命的尊重与嘉奖。

第 3 章
外在美：看得见的竞争力

皮肤：美丽的基础

人们形容一个女性的美，往往会说"肤白貌美大长腿"，可见，皮肤是衡量一个人美不美的基础。虽然皮肤好不一定就漂亮，但皮肤不好，再漂亮也会大打折扣。

无论是哪个年龄阶段的女人，饱满细腻的肌肤能让她们显得光彩照人。而干瘪枯燥的皮肤不仅会拉低颜值，也会让整个人的气质发生巨大的变化。

如果把年轻女人的肌肤比作水分充足的红彤彤的苹果，那么衰老女人的皮肤，就像是放了几个月的干瘪苹果。皮肤的结构分为三层：第一层是表皮，第二层是真皮，第三层是皮下组织。衰老主要发生在第二层真皮层。

真皮层内的纤维细胞会产出结缔组织纤维，也就是美容护肤界常说的胶原蛋白和弹性蛋白。有了胶原蛋白就能让肌肤更有抗张力，更有稳定性。弹性蛋白的作用是让皮肤更有延展性。而人体衰老，就是因为胶原蛋白和弹性蛋白的减少，让肌肤没有了抗张能力，没有稳定性，没有延展性，自然就会出现衰老。

所以，女性爱美要先从皮肤上下功夫。

皮肤是人体屏障，不但对真皮层产生保护，也是身体是否健康的一种反映。当皮肤没有光泽、失去弹性，出现细纹、长斑长痘的时候，就是皮肤老化的信号。皮肤老化虽然是一件不可逆的事情，但却是可控的，正确的护理和保养或通过医疗科技手段可以延缓皮肤衰老的速度。

那我们应该如何做一个爱"面子"的人呢？

首先，皮肤需要水分。水在人体里扮演着非常重要的角色。身体不缺水，皮肤才会不缺水。缺水会导致胶原蛋白流失速度加快，弹性纤维不能正常发挥作用而让皮肤开始下垂。皮肤缺水会导致细胞的体积越来越小，从而慢慢产生细纹，如果不及时补水的话就会成为皱纹。与此同时，还会影响到皮肤的水油平衡，导致油脂的过多分泌堵塞毛孔。另外，油脂也会更容易吸附更多的污垢、灰尘堆积皮肤表面，导致痔疮滋生。可见，补水保湿对于皮肤来说非常重要。除了日常的正确饮水之外，还要有意识地为皮肤做水疗或注射玻尿酸来改善和重塑皮肤屏障。

其次，皮肤怕晒。虽然身体为了维持正常的微量元素，需要阳光照射产生维生素D，但对于皮肤来说紫外线却并不友好，晒红、晒伤、晒老、晒出斑点和皱纹就成了隐患。所以，为了皮肤变美一定要注意防晒。

再次，皮肤喜欢睡。越睡越美丽已经成了公认的事实，再好的皮肤都怕熬夜，不规律的作息会严重损害皮肤，轻则让皮肤没光泽泛黄，重则会出现痘痘和闭合粉刺，还会出现眼袋和黑眼圈。痘痘和粉刺轻微还好处理，严重的话，需要内外调理去治疗。而眼袋和黑眼圈一旦严重，没有医学手段的辅助是很难自行恢复的。所以，要想皮肤好，充足的睡眠少不了。

最后，皮肤爱欢乐。我们很难看到一个内心平和、幸福快乐的人的皮肤是暗沉的。心情愉悦的人脸上会泛着健康的光泽。所以，要想皮肤好，烦恼就要少，不要生闷气、生闲气。生气带来气血流动放慢，气血流动不畅就无法滋养皮肤，导致皮肤苍白或暗黄。

所以，爱自己，从爱皮肤开始吧！

身材：实力的外在表现

对于女性的身材，从古至今都有不同的审美标准，先秦时代北方女子多以身材修长为美，南方女子多以细腰为美，也就有了"楚王好细腰，宫中多饿死"的典故。到了近代，女性开始正视自我，彰显自信之美，扔掉了裹脚布、束胸布，追求起婀娜多姿的曲线，旗袍成为抢手货。直到今天，女性身材美依然是那种瘦而不弱、胖而不肥、S形曲线、健康有活力的状态。

那么，什么样的身材是需要改善呢？一般可分为以下六种：

苹果体型——上半身脂肪集中、窄背、腿细；

葫芦体型——胸部丰满、腰细、臀部肥厚；

圆筒体型——无腰身、腰部突出；

肥胖体型——脂肪松软、三段腰、曲线严重变形；

松垮体型——脂肪松软下垂、三段腰、产后皮质松弛；

西洋梨体型——胸部脂肪流失，手臂、胃部及背部，重量集中于下半身。

针对这些不完美的身材要取长补短有意识地进行锻炼，有个好身材不仅别人看着悦目，自己也会因此变得更加自信。

第一，好身材代表健康。有人说，健康就是那个1，后面的0代表自己的爱人、孩子、房子、车子、票子等，如果前面的那个"1"没有了，后面有再多的"0"都没有用了。肥胖能够引起高血压、高血脂、糖尿病等，这些都是不容小觑的疾病。从某种程度上来说，好身材代表身体机能有序、良好地运转。

第二，好身材代表榜样。据调查显示，孩子的第一个审美意识的形成往往来自对父母的模仿，如果父母不修边幅，孩子就会形成一种懒散糟糕的审美体验，不知道以何为美。等孩子大一些的时候，如果看到别的父母都身材匀称，而自己的父母太胖或者身材有缺陷又不去改善，如果一个母亲身材苗条、相貌精致，无疑会让孩子觉得"脸上有光"，从而给孩子形成一种榜样效应。孩子会习得这种审美观，把自己打扮得整齐利落，也不会让自己变成贪吃的胖子。

第三，好身材更省钱。好身材的人反而省钱，因为穿什么衣服都好看，所以很容易买到满意的衣服。而身材不好的人，总是花了钱也总买不到满意的衣服，并且会因为衣柜里永远找不到适合自己的衣服而不断买买买。所以，与其天天忧虑自己找不到合适的衣服，不如先练好自己这个"衣架子"。

第四，好身材有利于事业发展。一个能够打拼事业的人，最大的特质是自律与严格的自我管理。而身材好本来就是一种自律与严格自我管理的真实体现。有两个应聘者，一个形象好、穿着得体，另一个不修边幅、体态臃肿，如果你是面试官，你更愿意先跟哪个交谈呢？所以，外在形象的打造对事业也会有帮助。如果一个人连自己的身材都无法掌控，做不到自律，又如何能胜任高难度的工作呢？

第五，好身材更有利于婚姻和谐。有人把婚姻是否美满取决于男女双方的成长，而好身材就是女性的自我管理与成长。常说，男人的变心源于女人缺乏对形象的维护，虽然不是绝对的，但也有很大的相关性。

所以，一个能管理好自己身材的人，才能管理好自己的人生。

声音：社交场合的第二张名片

心理学家认为，声音决定了一个人40%的第一印象，是说话者递给别人的一张听觉名片。尤其当人们没有看到真人的时候，也能够从这个人说话的音质、音调、语速的变化和语言措辞的运用中感受到这个人的情绪甚至形象，从而影响对这个人的判断。所以，声音的感染力是非常大的，可以说它是人的第二张脸。

在生活中，一个音色柔美、说话动听的女人，很容易被周围的人接受，即使她思想幼稚，别人也会说那是可爱。相反，如果女人的声音难听，尽管很有头脑，也很难令人有好感。在社交场合中，如果一位女性拥有良好的举止仪态，说话的声音也很甜美，会增添她的女性气质，使她的语言充满感染力。

有一个女主播，颜值并不高，虽然在镜头前面用的是美颜，但声音却非常好听，十分有吸引力，大部分为其打赏的人都是爱上了她的声音。

靳羽西说，一个有魅力的女人，说话的声音一定不能大。但在繁忙喧嚣的现代生活中，很多女人往往会不自觉地提高声量，从而让人觉得聒噪。

此外，声音会泄露你的秘密。我们可以通过声音判断一个人够不够自信；当下的状态是开心还是难过、友好还是愤怒。

洪钟般的声音能体现出你的自信；

沉稳清晰的谈吐能提升你的可信度；

绵软甜美的声音能展现出你的亲和力；

圆润娇媚的声音能散发出你的魅力。

所以，当我们重视了颜值、重视了身材以后，还要在自己的声音上下功夫，让自己拥有一个好声音，传递出你的最佳状态，或自信，或亲和，或柔美。人的长相可以通过后天变美，声音更是如此。如果你的声音不美，可以通过刻意练习来提升声音的饱满度和美感，并利用你的声音，获得意外的惊喜。

谈吐：说话让人舒服是一种能力

如果说，女性拥有一个好声音让人听着悦耳，那么有智慧的谈吐一定能让人动心。在生活中，说话的方法和内容能够彰显一个女人的教养和素质，且说话让人听着舒服是一种能力。

《名贤集》上讲"良言一句三冬暖，恶语伤人六月寒。"这说明：良言和恶语对人的影响之大。作为一名女性，我们每天要跟不同的人交流，语言占据了每个人很多的时间。相对而言，也会产生很多影响。所以，除了在意外在形象是否得体大方、妆容是否精致外，我们更要重视自己的声音是否高低有度，说话是否有分寸。

生活中，我们会看到这样的情景：一个女人穿得光鲜亮丽，打扮得明艳照人，一开口却让人感觉没有素质并对其望而却步。而有的女人，虽然没有让人眼前一亮的外表，却非常懂得说话的艺术，一开口就让人如沐春风，不由自主地想要亲近。比起漂亮的女人，会说话的女人更有魅力，更吸引人。

有位女士要做全屋家装，在和装修公司协商的过程中发现有一些地方并没有达到自己的预期，于是她作为甲方向装修公司提出了自己的要求。她对装修公司说："我对现在这个方案有些犹豫。"她没有用到"不满意"，而是用了一个"犹豫"。装修公司一听甲方都觉得这么委婉了，立刻问她的调整方案。她接着说："我对这个方案有个期待，比如……""期待"这个词一用，装修公司立刻觉得对方既通情达理，说话又让人舒服，于是给出了十分满意的装修方案并答应随时都会按照甲方的需求进行调整。由此可见，说话让人舒服也是一种能力。

作为一名女性，和孩子说话、和爱人说话、和同事朋友说话，如果都能够让人听着舒服，那么无论和谁在一起都能让人产生一种愉悦感，这在无形之中也增加了自己的自信和对生活的热爱。

有一位女士在一家餐厅坐了半个小时也没点餐，只见一位先生匆匆赶来，一脸歉意地解释说，"由于路上堵车，所以来晚了。"女士没有任何埋怨，只是笑着说."没事，时间充裕，不着急。"然后，她让先生坐下休息一会儿，自己则开始点餐。当服务员上菜时，先生看了一眼，随即笑道："谢谢，这些我都喜欢吃。"女士回答道，"知道你吃不了辣，所以一点辣的都没让放。"女士的态度诚恳亲切，而先生因为女士面对他迟到也没有任何抱怨，讲话时也温和而有耐心。两人轻松而惬意地吃了一顿饭。

假如这位女士生气得大喊大叫，不仅会毁了两个人的心情，还会让彼此之间渐生隔阂。

很多时候，判断一个人有没有智慧、值不值得交往，不用通过多少轰轰烈烈的大事，就看在日常相处中，她能不能以好的方式说话。所谓好的方式，不必言语优美动人，也不需要长篇大论对你各种夸耀赞扬，而是善意地表达自己的想法，懂得把握分寸，做到真诚而不欺骗，谦逊而不傲慢。

女性在说话时，要多动脑筋，要温和委婉，尽量不要说让别人感觉不舒服的话，要给足对方面子，同时也要让对方明白我们的想法。聪明的女人还会虚心地听别人讲话。一个会说话的女人往往也是一个高明的听众，这样对方才会愿意把你当作知心朋友，愿意向你吐露心声。

健康：真正地爱自己

健康和美丽是一体两面，如果没有健康就不可能美丽。没有健康的美丽如同海市蜃楼，虚幻而不长久。

有的女性为了追求美丽会损害健康，比如为了显身材大冷天穿得很少，导致受凉；为了皮肤变白，盲目使用美白产品导致出现病理性皮肤色素沉着；为了减肥，盲目节食导致厌食症；还有不少职业女性为了工作加班熬夜，不注意饮食和营养，最后因为工作压力大和睡眠不足导致患病。总之，一旦损害了健康，美丽就变成了一场错误。所以，真正的美丽是建立在健康的基础上的。如果没有健康的身体，就不可能有健康的气血来滋养皮肤；没有健康的骨骼，就不会有挺拔的身材。

健康不是第一，而是唯一，储存健康是最明智的选择，让自己健康是责任，让家人健康也是责任。

英年早逝的复旦博士于娟在《此生未完成》一书中写道："在生死

临界点的时候，你会发现，任何的加班，给自己太多的压力，买房买车的需求，这些都是浮云。如果有时间，好好陪陪你的孩子，把买车的钱给父母亲买双鞋子，不要拼命去换什么大房子，和相爱的人在一起，蜗居也温暖。"这是她在绝症化疗之余写下的文字。因为失去了健康，她不得不抛下深爱的丈夫和年幼的孩子以及年迈的父母，不得不终止了她生前为之奋斗的事业。

她留给人们的警示就是要重视健康，要学会爱自己，当你失去了健康就等于失去了一切。什么想做的事，想爱的人，想完成的梦想，统统都会化为泡影。

我们每一个人，都应该自觉树立增强健康的意识和理念，关注自己和家人的身心健康，真正把健康作为一个不可推卸的责任去认识！只有你的身心健康了，你的生命质量才会提高，你的生活才会更加美好！你的家庭才会倍感温馨！身体健康是一个家庭幸福的根本，也是快乐的源泉，更是气质优雅的基础与支柱。试想，如果没有健康的心肝脾肺肾，又何来健康红润的肌肤呢？如果没有健康的胳膊腰腿脚，又何来健康活力的身材呢？

身体是一个通道，当我们身体健康了，就能连接其他的能量了。只有身心健康了，人才能从心底愉悦起来，享受身体健康的这份存在。要让自己时刻处于一种美好的状态，爱护自己的皮肤，保护自己的骨骼，在意自己的三围，不是为了取悦别人，而是为了取悦自己。

如果我们把身体当成另一个自己，看成是自己特别要好在意且深爱的朋友，那么在日常生活中，无论吃喝拉撒睡就会想到与身体互动，她不能不开心，不能不健康，不能不充满爱，那么你的朋友也会默默地回馈于你。她会让你看起来神采奕奕，走起来步履轻松，且会让身体朝着你意想不到的方向越来越好。

想要过快意人生，必须有一个健康的身体作为基础。女人要珍惜自己的身体，不懒惰。按时吃饭，好好睡觉，经常锻炼，这样的女人，永远都会很漂亮。

健康和美丽没有价格，它也不是富人的专利。对一个身心俱足、充满能量的人来说，健康的生活很简单，保持简单的心境，拥有乐观向上的生活状态，你便能拥有一个真正健康的好身体。

气质：最高级的性感

你愿意被人夸漂亮还是有气质？我认为漂亮是第一眼得出的结论，而气质是走心后得到的答案。那么，什么样的女人才算是有气质的呢？自信、独立、腹有诗书的女人。她们还有一个共同点，就是给人一种自律感和内心的坦荡，这样的女人就像是一缕清风，总是能够给你春风拂面的清新。她们从来不会因为美貌而去炫耀，也不轻易妄自菲薄，她们总是散发着独特的光芒，在人群中脱颖而出。

女人活得好的标准不是外露的饰品，而是由内而外扩散出的气质。人不应该只懂得用那些名贵的饰品来衬托自己的高贵，而应该用自己的气质去衬托出饰品的价值。用金钱堆积起来的外在，无法跟由内而外散发出来的气质相提并论。

气质是怎么形成的呢？是你吃过的饭，你喝过的水，你待过的环境，你所处的城市，以及你身边的伴侣和你身边的所有一切的人或事物。所以，一个人要改变气质，就要到一个美的环境中去浸泡，要有意识地培养自己的气质。

一是言谈有度。我们在谈话的时候要张弛有度，不疾不徐，该说的要说，把语速放慢，保持平和，日积月累就会慢慢改变。

二是举止得体。在行走坐卧的时候一定要挺直腰背，不驼背不弓腰，保持良好的体态。待人处事方面要波澜不惊、不卑不亢，要控制好自己的情绪，对人温和有礼，即使心里有不满也要保持情绪友好。

三是明确好自己的原则和期限。不舒服的话不回，不喜欢的局不去，不欣赏的事不做，拒绝的时候要委婉，不要直截了当地跟人说不。我们可以痛苦和难过，但一定要给自己设定期限，不能陷入无休止的自我折磨中。万事万物都有能量场，我们要浸泡在高频干净的能量场里，就会营造出和气质相匹配的自我能量场。

四是闲下来的时间决定你气质的提升。一个女人的气质，是由她上班之外的时间决定的。好气质是内心有底，读书让人有底气，是人生性价比最高的一件事。一本好书几十元，只要肯投入几个小时，就能收获几十倍的回报。那些字里行间的书香会让你的灵魂也有香气。

所以，好气质是眼里有光，心里有暖意，眼里有善意。好气质是对美有感知，听音乐、看展览、喜欢一点艺术，这种对美的感知能力，会变成脸上的柔情。

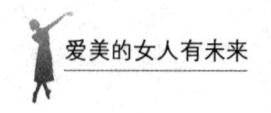

女人，只有先让自己成为夺目的一抹颜色，才能得到更多的爱。你身体好了，气质提升了，你还怕丈夫晚回家吗？

记住了，女人最无声的炫耀是拥有独特的气质。

气场：精神力量的真实显露

容貌是上天赏赐的福分，气场是女人最美的修行。在我们身边，经常会有一种女人，走到哪里都是焦点，走到哪里都受欢迎。这种女人自带气场、信心十足。女性的气场有很多种，比如，杨绛先生的知性，张爱玲的才华，巩俐的霸气，都是气场。气场不是外在的形式，而是内在思想的外在体现，是一种由多种能力形成的能量场，是一种强大的精神力量。一旦具备这种力量，就会产生一种"自带光环"的力量来吸引和感召别人。有句名言叫：强大的气场是一个人的存在感和吸引力之所在，是他身上无与伦比的光环。

女人的气场不是霸道和强势，而是一股可以吸引他人、充盈在内心的淡定与从容，一种即使什么都没有但似乎什么都不缺的富足感。一个女人如果没有气场，即使外貌再漂亮，穿衣打扮再时尚，也无法赢得长久的关注，也无法吸引同频的人。

女性气场不是与生俱来的，而是通过后天的学习和练习形成的。一般可以从以下三个方面来提升自己的气场。

第一个方面，肢体语言。同样的两个人，如果一个挺胸抬头，另一个含胸扣肩，肯定是挺胸抬头的这个人更有气场，因为这个动作传达给别人的一种肢体语言叫自信，含胸扣肩代表不自信，对人有防备。另外，在与人交往的时候不要有过多的小动作，因为过多的小动作代表情绪和内心不稳定。手的运用也很有讲究，手的动作既不要低于胯部（代表不自信），也不要高于肩部（代表高傲、富有攻击性），最好的动作要让手在胸部到腰部这个位置，这样不会有攻击性反而有一种力量感和稳定性，给人一种有气场而不自傲的感觉。

第二个方面，对话方式。真正强大的对话不是说得多，而是不说。所以，想要修炼强大的气场，一定不要讲太多话，要讲就讲重点。语言的力量感来自少而精。另外，沉默有时候是金，无论在什么场合先让别人开口，倾听才能明白对方想要表达什么，从而利于自己接下来要表达的意思和要接的话。在说话的时候，眼神也很关键，要敢于直视别人，既不躲闪也不长久地盯着别人，眼神要坚定而温和，不给人压迫感却能自带气场。

第三个方面，情绪表达。情绪表达不是情绪化表达，既要稳又要轻，也就是人们常说的急事缓说，要事轻说。这样也间接证明你是一个内心沉稳、不情绪化的人，给人一种大将风范。

气场没有那么难学习，很多人以为都是大方面，其实气场的流露往往都在小事的处理上。如果你的生活阅历和精神世界同样饱满，那么对你气场的表达方式会更有利而自然。

当然，气场的另外一些因素也不能忽略，比如，当我们希望自己拥有强大的气场，能将自己所期待的人和事吸引到自己身边来，就必须根除天性中那些令人反感的东西，培养自己爱的能力和乐于助人的品质。如果仔细分析一下某个极富人格魅力的人，就会发现，她身上一定会有一种和善、宽厚的天性，是一个目光长远、宽宏大量之人。自私自利、心胸狭隘、刻薄小气，尤其是好嫉妒的人，是永远也不会对别人有吸引力的。

爱是一切美好个性中最基本的要素。要想获得朋友，要想在不同关系中赢得别人的聚拢，必须让自己成为一块爱的磁石，必须让周围的人感觉到友好、友善、充满爱的态度。如果你所表现出的是一种苛刻、狭隘、小气、自私的心态，那么，你绝不可能得到爱的回报。所以，一个人只有付出了，才会有回报。你所给予的爱、友善及热心越是慷慨，就会有更多的爱作为回报来到你身边。

总之，一个女人内心的美，是性格的美，是待人接物的美，是不自觉散发出的美丽动人的气场，即使容貌不出挑，别人也会被她的性格魅力所折服。

性感：美的另一种味道

每个人对于性感的定义是不一样的。当你认为某个样子是性感，就说明你内心已经有了这个标准或者你自身已经具备了这样的性感，否则，你不会这样去定义。比如，一个胖嘟嘟、内心充满自信的人，就会认为杨玉环式的身材就是性感。一个消瘦的人，喜欢自己的骨感美，就会认为A4腰、体态纤细就是性感。反之，如果一个人胖，却又认为胖是丑，那么她就会认为跟自己有对比反差的身材是性感。一个人瘦，却不以瘦为美，当看到别人胖时，就会认为那是性感。

所以，每个人对于性感的意识和标准是不一样的，每一个人都有自己对于性感的评判标准。

做事专注的职业女性，在职场上带领团队，有一种指点江山、所向披靡的感觉，就是女王范儿的性感。一个说话柔柔的女人，轻言说重话，不给人压迫感，这样的女性是可爱的性感。

一个由内而外散发魅力和性感的人，会吸引别人，也会生出强大的能量场，让优秀的人愿意接近你。

比如，好莱坞的钻石王老五乔治·克鲁尼曾扬言不会再结婚，他眼里见到的美女太多，而且自身多金又有才华，不愿意被婚姻所绊。但是，当他遇到一位律政俏佳人后，竟然变得无法自拔，迫不及待地想要把她娶回家。艾莫·阿拉慕丁无论是颜值还是身材，无论是学识还是能力，她都是一位杰出的女性。乔治·克鲁尼给妻子的评价是："我也搞不懂我的妻子，她接手一个案子，还能去大学教书，每天还有精力考虑要穿怎样的裙子，这样的女子很坏。有内在也有外在，而且还有智慧，你说哪一个男人不喜欢这样的全方位活成钻石般的女子呢？"

乔治·克鲁尼的话外之音就是，如此钻石般精致且光芒四射的女性，怎能不吸引我呢？

所以，在未来的生活中，每个女子都要深爱自己，且努力活成有钱、有闲、有颜值的女神，这样的你才是最性感。

服装：穿衣风格凸显个人魅力

著名造型师乔治·布雷西亚在《改变你的服装，改变你的生活》一书中说："我们的衣服，在我们开口之前已经替我们说话了。"

一个人在看待另一个人时，看到的不仅仅是她的穿着，还有外在形象背后的身份、生活态度和学识教养。人们可以通过我们的衣服，推测出我们是怎样的一个人。

很多人会问，服饰对于女人的意义究竟是什么？有人曾说过一句话："高质量的人生＝体力＋智力＋形象力（形象管理）"。在快节奏的生活中，花巨大的时间去与陌生人聊天交心已变得不切实际，所以人们通常是通过服饰穿着来猜测这个人身后那些无法直接表现出来的东西，进而判断价值观，最终选择是否进一步升华关系，而衣服的价值意义就在于此。

巴尔塔沙·葛拉西安在《智慧书》中说："衣着，是灵魂的外壳。

有些人灵魂优美，自然优雅，若再配上出色的着装，便如锦上添花，魅力倍增。"

我们知道法国女人特别会穿衣服，那她们的会穿体现在哪些方面呢？

第一，法国女人穿衣服注重穿出好身材。无论什么样的衣服，在腰、背、肩、臀等部位都裁剪得非常贴合，所以穿衣的第一步要找到合适自己身材的衣服，最好是取长补短把自己的身材优势凸显出来。你需要根据自己的形体、性格、职业、喜好等，来选择适合自己的衣服。此时，衣服就成了为你服务的道具，而你就成了驾驭衣服的主人。

第二，法国女人穿衣服非常简单，白色、黑色、灰色是她们的主色调。一件白衬衣加一条牛仔裤是她们人手必备的经典款。所以，在服装搭配方面要有一套自己的经典款，或者当找到了与自己的肤色匹配的服装色系，就要为自己搭配几套非常适合的衣服。有些朋友很讲究穿衣服，穿的都是名牌。然而，名牌，是不是选择衣服的唯一方式？不一定，不是所有的人都负担得起名牌，也不是所有的名牌都会让人穿起来显气质。我认为真正的好衣服就是那些穿在自己身上非常合适的衣服。

第三，法国女人很注重帽子和腰带的搭配。无论春夏秋冬，她们都会用不同款式的帽子来装饰衣服，尤其在头发没时间打理的情况下，帽子就会提升衣服的品位。另外，法国女人通过腰带系出自己的腰线，非常显身材和气质。所以，我们不仅要在意服装的搭配，还要考虑其他配

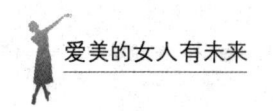

饰，如帽子、腰带、包包等的搭配，穿出整体的和谐感。

第四，精神状态和心态。外在的服装和内在的精神状态和心态非常相关。人们常说"腹有诗书气自华"，如果一个精神状态非常丰盈的人，即使穿着很普通也能给人一种高级感。

第五，追求与众不同的穿衣感觉。著名的时尚教主可可·香奈儿说过这样的一句话："想要无可取代，就必须时刻与众不同。"每个女人都渴望做那个无可替代、与众不同的人，但不是每个人都可以成功。有时候，不需要非做一个与众不同的人。毕竟，生活是自己的，过得舒适才是最重要的。许多人在穿衣服或者在买衣服的过程中会有这样的疑问：为什么一条非常漂亮的连衣裙她穿起来很好看，而我穿起来不好看？同样的衣服，不同的人穿会有不同的效果，这充分说明了一个问题，适合自己的才是最好的。塑造良好的个人形象，具备一个非常大的前提条件——了解自己。只有在了解自己的状态下，才能更好地让衣服为自己加分，起到修饰、美化、展示自我的作用。

不过，衣服最终是要还原到人的。你选择穿什么样的衣服，其实是可以看出你的人生态度的。女人要想自由，首先要解决的就是穿衣自由。女性的美是没有统一答案的，当我们不再因为外界的眼光为自己设限时，我们才会成为独一无二的自己！

每个人因面孔、经历、成长背景不同，对衣服的匹配、要求也会有所不同。只是，我们很少问自己：什么才是最合适你的衣服；你是否曾用心、恭敬地穿上一件衣服，不是为了向外界、他人展示或炫耀，不是为了填补内心的空虚和欲望；衣服不再成为你制造情绪的垃圾和随意可以丢弃的理由；你能否通过衣服感触到灵魂深处的声音，对占有与欲望的降低，使得心灵获得最大程度的自由与喜悦；你不再通过着装是否是大品牌去认知一个人的尊贵，也不再通过一件无牌的服装去忽略一个人的存在。

美发：发质里藏着你的生活态度

常言道，女人看头发，男人看皮鞋。一个女人的头发可以恰如其分地反映出她的健康程度、幸福度。

电影《美丽的可可西里》中的主角玛莲娜美到了极致，一头大波浪卷发走到哪里都牵动着男人们的心。因遭到女人们的嫉妒，她的头发被她们剪得乱七八糟。可见，女人们觉得玛莲娜的美是那头美丽秀发惹的祸，所以才毁掉了这份美丽。剧情三次翻转，都与玛莲娜的发型有关。第一次丈夫在的时候，她是全镇最美丽的人，男人们看她一眼都会脸红心跳，女人们私下里却是羡慕嫉妒恨。她走到哪里，乌黑的秀发就飘到那里，美丽优雅，简直是人间尤物。第二次，当人们知道她的丈夫前线阵亡的消息后，男人开始用各种名目和理由占有玛莲娜，女人们则是对她进行人身攻击，最终玛莲娜向生活低头，发型开始变成黄色的卷发，妖艳而大胆，也带着对自身命运的不甘。第三次，失去右臂的丈夫从前线回来，玛莲娜也变成了一个普通的妇人，发型变成了简单的齐耳短发，虽然不再妖艳但却依然美丽。整个影片有美也有人性的恶，但作为主线的是玛莲娜的发型。

无论是在电影的故事情节里，还是在现实生活中，发型发质对于一个女人来说有着非常重要的意义。皮肤可能是天生的，但头发一定是靠后天打理出来的。

很多人都有过这样的感触，洗洗头发吹个发型，就会显得格外有精神，哪怕原本很普通的脸也会看上去精致起来。反之，如果头发扁塌油腻或有头皮屑，无论多好的颜值也会大打折扣。所以，美的另一个关注点就是要时刻保持秀发的清新飘逸。无论是及腰长发还是干练短发，既要配合体型、脸型，又要注重发质的颜色和状态。无论是长顺的直发，还是俏皮的卷发，是自信干练的职业发型还是青春活力的少女发型，都要注重自己的头发。一个女人的品位，从头发开始。

头发是一个人的面貌标准，头发剪得好不好看，关乎一个人的形象和气质，头发长的多与少关于一个人的生理机能，头发枯黄、干燥，这些都是严重困扰女性美丽的问题。所以，要想让秀发不受岁月伤害，既要了解自己的发质，又要维护自己的头发。

头发的情况能准确地体现出身体状况、反映人的生活状态。压力增大、得不到充足的休息、心情不好、饮食习惯不健康等都有可能出现毛发干枯、分叉、毛躁、脱发的情况。只有保持健康的生活状态，对头发进行充分的保养和护理，才会让头发清爽柔顺，焕发青春活力，为美丽加分。

在头发的打理上，有哪些注意事项呢？

第一，让头发保持清爽。无论是长发、短发还是卷发，干净清爽是第一要素，无论颜值多高，顶着一头油腻的头发会让人感觉不卫生或没有品位，也会让发型无法保持最好的状态。所以，美发的第一步是清洁，根据自己的发质（油性或干性）选择洗发的频率，不要等到脏得没法见人才洗头。要知道，普通的颜值配上清爽的发型也会给人利落的感觉，反之则会让美丽大打折扣。

第二，定期修整自己的头发。我们要根据自己的脸型选择一个合适的发型，并且定期修整，使发型看上去精致、舒服。

第三，根据年龄来选择自己的发型。人人都害怕自己看上去显老，所以就会选择减龄发型，这无可厚非。但一定要与自己的身份和外形匹配，不要为了追求年轻而选一个与自己整体外形不匹配的发型，那样就会显得不伦不类。

第四，根据职业和服装来搭配发型。一些从事正规职业的人不宜留过于特别的发型，颜色也不能太过夸张的，搭配正装的发型一般要庄重、典雅。

所以，在成为女神的路上，发质好气质才好。美的要素不仅仅是皮肤、身材，头发也是不能忽视的一项。

香水：代表女人的独特品位

香水是一种身份的辨识，电影《闻香识女人》中，弗兰克中校仅靠闻对方的香水味，就能识别女人的魅力和气质，包括对方的身高、发色乃至眼睛的颜色。可可·香奈儿说："一个不会用香水的女人是没有未来的。"在她眼中，香水是提升女性魅力指数的秘密武器！

无论男人或女人，都应该有一款独特的气味来代表自己。嗅觉是打开记忆的神奇钥匙，有时候我们的记忆里会有一幅生动的画面与一种特殊的气味联系在一起。其实，每个人都是品味香水的行家。我们可能无法解读每一款香水的香调和原料或记住每一款香水品牌，但我们可以靠嗅觉分辨气味。

都说容貌会变，但记忆深处的香味绝对能成为别人记住你的利器。想要独树一帜，你可以选择更为小众的香水品牌。而且有一些品牌的香水是可以叠加的,这也大大减少了撞香的概率,如果香水本身的故事又与你非常契合,恭喜你,它就是适合你的香味!

选择香水的时候,要根据自己的气质以及工作生活环境来进行选择。香水不仅使自己自信、愉悦,而且更有助于你魅力的发挥。

香水就是女人的名片,闻香识女人说的一点也不假。

当然,要根据自己的气质和场合的不同,调整使用的香水。

另外,用香水也有一些值得注意的事项。

第一,不要直接把香水喷在皮肤上,尤其是脸上,香水中有一些化学成分会给皮肤造成一定的负担,尤其被太阳晒过后,会对皮肤造成伤害。我们可以把香水喷在衣服上,淡淡的香味是最好的味道,在不影响别人的前提下还能有一种似有似无的味道。

第二,不要喷在爱出汗的部位,这不但影响汗腺,同时一旦和汗味混合在一起,会出现不一样的混合味道,影响香水本来的味道。喷香水的时候想象一个画面,把香水喷洒在空中像下雨一样,你在下面转一圈儿,香香的雨雾就自然落在你的身上和发丝上,既均匀又不会超量。

第三,出门前二十分钟喷香水是最适宜的时间,而且在公共场合不要不停地补喷香水,第一是不太雅观,第二要照顾一些对香味过敏的人。喷香水是个比较私人的事情,最好在家提前喷好,既是一种美学又是一种修养。

第四，喷香水的时候要注重场合，比如舞会或派队，可以喷一些稍微浓烈香水，但在商务谈判的场合最好不要使用香水。一旦对方不喜欢香水的味道，就影响谈判的顺利进行。

指甲：精致的女人看细节

作为现代女性，除了面部妆容的精致、服装上的精致以外，大家也越来越重视手部的护理。很多女性不仅在指甲油的选择上很用心，而且美甲修甲也是家常便饭，指甲关乎一个女性的美丽，也关乎她的生活状态。试想，如果我们看见一个人哪怕素颜布衣，伸出双手露出白皙修长的手指、干净的指甲，无形中也会让人心生一种好感。反之，看到一双粗糙的手，指甲坑坑巴巴，指甲缝里还有积存的污垢，无论这个人的脸多么精致，都会让人皱眉。

可以说，指甲是优雅和精致的另一种诠释和注解，没有什么姿态，比拥有一双美丽的手，再按照自己的个性和喜好涂染修整出美丽的指甲更有女人味了。所以，美甲和护肤、化妆相比，有着更强烈的自我完善意识。无论是生活中还是工作中，女人需要保养的除了脸和头发，就是手和指甲，因为除了脸，给人留下第二印象的就是手和指甲，指甲对于一个女人来说也很重要。要想做一个精致的女人,首先要有一手漂亮的指甲,学会爱自己,爱生活,精致女人,从呵护自己的指甲开始!

呵户指甲有哪些需要注意的要点呢?

第一,指甲长并不代表美,美丽的指甲应该保持清洁,指甲的长度适中就好,指甲越长其实打理的难度越大,容易折断也容易藏污垢,需要精心呵护和清洁,还要预防断裂造成不整齐。同时,可根据自己的手指形状对指甲加以设计。

第二,美甲首先要从健康和保护指甲的角度出发,其次追求图案和色彩,如果用劣质的美甲漆,即使绘出了美丽的图案,也会给指甲造成负担和伤害,长久下去会出现指甲发黄、白斑甚至变脆的情况。

第三,不能长时间美甲,在参加一个活动或聚会的时候,短期内可以根据需要进行美甲,但不能一年四季都给指甲穿上厚厚的"衣裳",指甲作为身体的一部分,也起着代谢和呼吸的作用。如果指甲的负担过重,长此以往会让指甲变得不健康。

总体来说,我们需要全方位的美丽,需要在细节上下功夫,但更重要的是需要全方位的健康,美得更健康,健康才更美。

饰品：给美丽加点料

首饰与化妆品都有一个共同点：如选择适当，它们可以让你看起来更漂亮，增强你的自信心，为你塑造一个更美的形象。

无论你买什么饰物，不要忘记它是要为你的外貌增添光彩的，镜中的你在戴上珠宝后，应该对自己的容貌感到更加骄傲和充满自信。

对于女人来说，穿戴搭配不仅是"穿"衣服，每一件首饰，每一个包包，都是个人风格主义的体现。相较于时装，配饰更像是女人的小心思，不经意间流露出独特的魅力和气息。

配饰搭配有讲究，搭配好了既时尚又洋气，搭配不好特俗气。所以女人除了穿衣搭配、美容化妆，配饰也是重要的一环。

就好比红花与绿叶的完美搭配，爱美的佳人们怎么可能忽视了饰品的重要性呢？

无论是普通的聚会，还是隆重的派对、酒会，还是朋友聚会。一对漂亮的耳环、一条夺目的项链、一款精致的手链、一款与服装身份相搭的包包、一条简约又不简单的丝巾……都能使你成为人群中的焦点。

漂亮又能搭配得当的饰品，会使你在举手投足之间散发无穷的魅力，且是帮助女性无论什么场合都能锦上添花的重要工具。一条普通的裙子搭配一个别致的项链，瞬间让人变得格外亮丽。一套隆重的礼服，如果搭配一对柔美的耳环，更能让你的精致感体现得淋漓尽致。

奥黛丽·赫本曾经说过：当我系上一条丝巾时，才前所未有地感到自己如此女人。一条彩色的丝巾能带来更醒目的细节感，让你简单的服饰充满层次感，调节你服饰的暗沉、单调，让你的基础单品成为特色，与众不同。一个精致的女人，从她的衣服到鞋子，再到发饰首饰等，都是经过用心搭配的。

此外，配饰的搭配一定要符合自己的气质和风格，尤其我们看到的一些珠宝首饰，如果不能和佩戴者的个性、长相相结合的话，不过是一些漂亮的石头。配饰不仅是外在的装饰品，更是身体的一部分，是一种情绪的表达。

时髦又聪明的女人总是会从配饰入手追逐流行，别小看一件小小的配饰，它们的存在让简单的衣物变得时髦、有趣、有个性；另外，配饰比起流行的潮流单品更容易驾驭。在细节处点缀，确实是最简单，也是最实用的跟风方式。

在配饰穿戴方面，都有哪些注意事项呢？

第一，配饰要符合身份。比如青春美少女尽量不要把自己变成"满身尽戴黄金甲"，一些简单的小配饰就可以让你更活泼可爱。手表、项链、手链都是可选之物。如果是其他年龄段的话，让你在选珠宝首饰方面就要有选择，是戴金还是戴玉要看个人气质和服装场合等而定。配饰是用来烘托一个女人的气质和美感的，绝对不是所有贵重的首饰戴在身上就能显气质、显漂亮的！

第二，配饰要简约大方，不是戴得越多越好。尤其不要全身上下挂满珠宝去参加聚会或酒会，那样会让人感觉土气。如果想显得年轻又性感，就绝对不要碰复杂耀眼的项链，尤其是珍珠项链，它们太能营造戏剧气氛了——会把你整个脸淹没在它们的光芒里。手镯就不一样了，多戴几个华贵时髦的手镯会让你显得别有品位，而简洁别致的头饰、耳钉也有同样的效果。在流行叠戴的当今时代，不管是手链还是手表更或者是手镯、串珠等，都能叠戴，只要叠戴的方式合适，原本不出彩的首饰也可以变得高大上。但是在选择质地和颜色上要下功夫，不然不但叠戴不出美感，反而会显得很俗气。

第三，配饰的最终结果是要突出亮点，修饰缺点。饰品对于女人来说是极为重要的，如何选择适合自己的饰品更是重上加重，因为无论是性格还是脸型又或者是体态，都需要考虑在内。造型里的配饰有多重用途，增加层次，提升质感，呼应服饰单品设计细节，总之都是为了增加整体造型的可看度和时髦度。比如，脸型不好的人可以靠耳饰或眼镜来修饰，如果佩戴得当可以起到美化脸部线条的作用。脖子部位可以靠丝巾来突出美感，并且能够巧妙地起到"视觉转移"的效果。

第四，学一些饰品保养小技巧。同一款饰品，为什么别人戴了一年依旧如新，而你的却发黄发黑了呢？这可能是由于日常保养不当所致。饰品属于消耗品，如若长时间佩戴使用确实会使其氧化变旧，这是无法避免的。但我们也可以通过日常的保养来减缓它氧化变旧的速度。

饰品应避免长时间碰水，像汗水、化妆品、香水都会使其腐蚀、氧化；

饰品长时间不佩戴时，应擦拭干净并单个密封保存；

饰品氧化发黑时，可以采用牙膏清洗法和擦银布擦洗法；

佩戴饰品前，请先用酒精棉片擦拭，更干净卫生。

第4章
内在美：持久稳定的软实力

最大的魅力来自优雅

一个女人的美有三层境界：第一层属于外在的美，包括形象美、身材美和五官之美；第二层美是气质之美，具备生存技能和赚钱的能力；第三层是内在的智慧之美，是温柔是慈悲。一个内在具备智慧的人，才能彰显真正的魅力，这个是岁月带不走的。

美，是一场长跑。它不属于某个年龄阶段，而是整个人生。只有一生美丽优雅，才能对抗岁月和时光，活出自己，活出从容。内心永远年轻、不断追求并敢于突破自我的人，怎会老去？岁月可以夺走青春、金钱、地位，甚至健康，却夺不走一个人沁入骨髓的优雅气质，而这种气质就是一个女人的内在美。

优雅是一种感觉，这感觉来自丰富的内心、智慧和爱。一个优雅的女人，既善良又大度，既能善解人意又对时尚有着特别的审美，懂得穿衣打扮，懂得心灵与外在的协调。

当然，优雅不是短时间内养成的，需要文化和教养长期的积累和沉淀。一旦养成，优雅必将成为一种自然而然的气质在举手投足间散发出来。

有很多女人，她们不是书香门第，也不是名门望族，甚至出身寒门，但却成了众人心中的女神，念念不忘的白月光。归根到底，是她们优雅的气质，感染了身边的人。

那么，女人应该从哪些方面来提升优雅气质，体现出自己真正的内在美呢？

第一，活得坦然，不过分在意物质追求，把追求精神世界放在第一位。常言道：财与物，生不带来死不带走，能够让自己变得内心富有的是精神世界的富足。毕竟外物难以掌控，更不能攀比，你用三千的香水，就有人用三万的包包；你开几十万的车，就有人开几百万的车；你住三居室，就有人住豪华别墅。追求外物只会让自己变得越来越累。而追求内在的丰富则不然，装在自己头脑的知识和见识是别人拿不走，但却非常有用的。多看些好书，多出门走走，见见世面，对自己眼界的提高和精神境界的提升都有非常大的帮助，三观正确，精神丰富才可以指导自己正确的言行，说话与办事的时候才会不落俗套，显得有魅力又优雅。

第二，不要陷入纷乱繁杂，学会断舍离。生活中，如果学不会放下就会堆积，无论是情绪还是物质，要学会把不喜欢的东西舍弃。女人想要走得更快更远，就要学会轻装上阵。学会放下，把那些没有用的包裹都抛下，那些不开心的、错误的事情，从中吸取经验教训之后就可以丢掉，这样才会对自己的未来有帮助。断舍离不是买得少或扔得多，而是对物质心存敬畏与感恩，对身边的物质善加利用。

第三，懂得自我投资，不断学习。女人的美貌或许是天生的，但优雅一定是学习来的。学习得越多懂得就越多，从而变得智慧而不浅薄，说话办事待人接物就会出现知性的一面。

当下是一个你不学习就会被淘汰的时代，学着如何变美，如何变好，学着如何让自己拥有更开阔的眼界和头脑。提升自己，不断学习，是女人一生的事业。在生活中，既要关注自己的外在容颜，也不要忽视了心灵的提升，高贵的女人懂得自我投资，不断学习。她们从不甘心于眼前的平庸，懂得将时间、金钱、精力投资在自我提升而不是吃喝玩乐上。她们会在空闲时间充实自己，让自己活得更高级、更优雅。

第四，做人处事温文尔雅，说话不粗言秽语，遇事不惊慌失措，这是修养，也是素养。优雅的人做事总是含蓄低调，不会到处宣扬炫耀，始终保持一种低调、内敛的状态，永远谦逊有礼。

第五，外在独立有个性，内在善良有爱心。活得高贵明白的女人往往懂得，经济独立是人格独立的开始。当一个女人有足够的经济能力，自己也能把日子过好的时候，那么她就会活成岁月静好的模样。优雅的女人在经济和精神方面都非常独立，她们做事有自己的思想，工作努力，不会为了依附而讨好，也不会为了争取而算计。这样的人往往纯粹、善良有爱心。

第六，慢下来。说话慢，动作慢，情绪也慢。慢才有时间思考，而不是一点就着，不是遇到一点事就大惊小怪，不是干了点活就告诉别人自己多辛苦，不要刚跟人聊天三分钟就让别人知道你家有几套房几辆车，你老公对你怎样。慢才不会大喜大悲，不会因为别人稍微对自己好一点就恨不得把自己都交付出去，也不会因为别人稍微一冷漠就深夜睡不着，各种反省。所以，慢下来就是静下来，对自己有思考，从而让自己变得优雅淡定。

女人要有丰富的思想，才会有优雅的人生！

所以，女人们要学会过滤你的思想，过滤你的朋友圈，过滤你的缺点，学会让自己很干净很舒服地呈现在这个精彩的社会，学会从容、淡定，学会不自卑，打造属于自己的幸福。

真正的力量是温柔

女性的力量不是来自控制别人和让别人害怕，而是温柔。温柔是一种容易被忽视的力量。我们所讨论的温柔，不仅仅是礼貌或者说话轻声细语等这种表面的现象，它是一种人格特质，既有先天气质的影响，也受后天养成的影响。那么，一个温柔的人到底是什么样的呢？用心理学的语言来描述，温柔的人有以下几种能力：控制冲动的能力；共情能力；情绪调节能力；对挫败感有更强的容忍度能力；对自己变化的感受有更好的觉察能力。

真正温柔的人会更有能力解决困境，在面对危机时更冷静，被挑衅或受到外界刺激时更少被激惹。同时，她们很少逼迫他人，对他人也更为尊重，温柔不是没有自己的想法，而是在有冲突、有挑战的人际场景中，有着坚定的立场。

那么，如何能够成为一个温柔的人？温柔不仅仅是说话轻柔、举止礼貌那么简单。它首先来源于一个人内心的动机。研究者认为：当我们内心的期望是最大限度地提升自己与他人的福祉时，我们自然会成为一个友爱、温柔的人，因为行为会根据我们的深层欲望自然地流露出来。所以，如果你希望拥有温柔这种特别的力量，就需要你由衷地关心他人，关心自己，用一种友爱而不是防御的态度生活。温柔是一种看似轻巧、实则强大的力量。温柔的人可以建立起一种特别的磁场，让人感到安心，并带来真诚平稳的情绪和状态，这种魅力一旦来袭，无人可挡。

温柔不仅仅是一种情绪的力量，还是一种可以改变气质和容貌的力量。

所以，美丽的女人是由内而外表现出来的柔和与平静，是心灵向外散发着光辉，这种光辉能够以柔克刚，能够潜移默化地影响身边的人。

示弱不弱，逞强不强

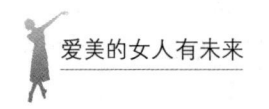

常言道："示弱不弱，逞强不强。"敢于示弱的人说明内心很强大，她们表现出来的状态往往是说软话办硬事。软话就是不说狠话，绝情的话，伤人的话。办硬事就是办事靠谱讲原则。那些能够示弱的人，内在是绝对自信和充满智慧的人。

撒切尔夫人第一天出任英国首相，参加完就职典礼后回家，用"嘭嘭嘭"的敲门声惊动了正在厨房为老婆摆庆功宴的撒切尔先生。

"谁啊？"撒切尔先生随口问了一句。

"我是英国首相！"撒切尔夫人得意扬扬地大声回答。

结果，屋里半天没人说话，也没人来开门。

撒切尔夫人恍然大悟，她清了一下嗓子，重新说了句："亲爱的，开门吧，我是你的太太。"不一会儿，门打开了，丈夫给了她一个热烈的拥抱。

这个世界上的大部分人都喜欢用强大来标榜自己，想以强大来赢得别人的尊重和崇拜。事实上，这种逞强的人，毫不示弱的人，往往会让自己的短处暴露无遗，在这种看似强大的心理攻势面前，人们也不会做出退步。

老子在《道德经》中说，天下莫柔弱于水，而攻坚强者莫之能胜。意在说明水看似柔弱却有滴穿坚石的力量。女人是水做的，所以，表面的示弱反映的是内在的强大。

水能遇阻而行就是一种示弱，人该学水的这种精神，示弱不是真弱，而是换了一个方式去处理问题。人的一生绝不会风平浪静，难免会遇到比我们强的人，比我们刚硬的人，与其以刚碰刚，不如迂回一下，换个方式，适当示弱。往往看似柔弱却能胜了刚强，唯有如此，才能走得更远。

在职场和生活中也同样如此，最高明的做法是让自己适时示弱，只有这样才能让那些不如自己的人心理平衡，有利于交往。因为人都有嫉妒心理，如果你才华过于出众，又不知收敛，锋芒毕露，别人就会忌恨你、非议你。所以，敢于示弱，也是一种人生智慧。

示弱具体体现在哪些方面呢？

面对强势的先生，要学会示弱。比如在家庭中，两人发生了一些争执，当面对的是一个怒火中烧的男人时，智慧的女人就应该懂得不能火上浇油，不能跟男人对着干。为了保护自己不受伤害，女人应当在此时示弱。要么假装同意他的想法或观点，要么静静看着他莞尔一笑，开两句玩笑或转移话题缓和气氛。如果实在不行，用眼泪来让男人缴械投降，也不失为一个好方法。

面对孩子的时候，尤其是男孩，妈妈要懂得示弱。妈妈是孩子的榜样和引导者，强势的妈妈往往会让孩子缺乏责任心和自信心。那些会示弱的妈妈，反而会让男孩生出保护欲和责任担当意识。作为妈妈，不应该大声斥责孩子。时间一久，孩子就会习得妈妈的说话腔调与行为特征，所谓有其母必有其子。孩子出现问题，智慧的妈妈不急不躁，会让自己平静下来，把情绪调整好，然后再面对问题。"只有平静的内心，才有可能沉淀和吸收教育的理性思考。"一个母亲真正的教育力量，在于面对孩子成长的过程，如何做到"柔和平静"。

在与其他人打交道的时候，要学会示弱。那些逞口舌之快和显示自己厉害的人，往往最容易得罪人。在这个社会上，与各种人打交道，善藏锋芒的人才是智慧的人，懂得示弱的人是对自己的保护，不会树敌也不会遭人羡慕嫉妒恨。

示弱不是真正的软弱，而是一种变通之计，示弱不是妥协，而是一种理智的忍让。我们只有学会以柔克刚，学会示弱，我们的路才会走得更宽，与人相处才会更融洽。

拥有同理心和共情力

有一段话是这样讲的：人总是不满足。你有一个儿媳，你会嫌儿媳不懂事；你有一个女儿，你希望她掌管婆家大权。你开车时，讨厌行人；你走路时，你讨厌汽车。你打工时，觉得老板太强势太抠门；你当老板后，觉得员工太没责任心，整天偷懒，没有努力工作。你是顾客，会认为商家太暴利；你是商人，会觉得顾客太挑剔。其实，我们都没有错，只是我们站的位置不同而已。只有换位思考，你的人生才会越来越好。如果每个人只站在自己的角度看问题，那么我们永远个知道别人在想什么，很多事情就会做错。

女人想要拥有内在的强大与美好，就离不开换位思考。换位思考的能力就是同理心和共情力。

在《接纳》一书中说，"你知道每个人最喜欢的人是谁吗？每个人最喜欢的人是自己，其次便喜欢能够接纳和理解自己的人。你知道每个人最讨厌的人是谁吗？每个人最讨厌的人是不能接纳自己的人，也就是在想法、感受、性情、志趣、为人处世等方面都和自己格格不入的人。"

换位思考和共情能力代表能够接纳别人，理解别人，体谅别人，这是每个人都需要的，也应该是每个人都该给予别人的。那些具备共情能力和换位思考的人可以说自带魅力，因为这样的女人不会咄咄逼人，不会无理取闹，不会得理不饶人，而是能够站在别人的立场想问题，对别人产生同理心。

同理心就是在相同的事情上，由于所处立场不同，一方面会导致我们不能理解且不能容忍他人的行为，另一方面却看不到自己的行为，这就是典型的缺乏同理心。换个说法，同理心就是学会换位思考，站在对方的角度考虑问题，摒弃自己的思想局限，变成一个大格局的人。

同理心与共情力是在与人交往中促进关系变得和谐的重要能力。培养这种能力也是在培养感知他人的综合能力。真正厉害的人，通常都拥有超强的同理心。同理心不是同情心，同理心是基于对事物及人性规律的透彻理解而建立起的一种格局思维。

有同理心的人，通常能站在较高的层次上，从全局考虑并解决问题。他们会把握事物内在本质的联系，进而经常进行换位思考，而不是拘泥成法、机械性地去完成任务。

有同理心的人，凡事能站在对方的角度统筹思考，将心比心，从而减少对抗，增进融合，超越竞争。

提升同理心，是增强人生事业凝聚力的必经途径，也是成大事者特有的精神气质，更是彰显自己内在美好的基础和前提。

用对待自己的心对待别人，说到底是一种爱的能力，一种非常强大的共情能力。

目中有人才有路，心中有爱才有度。一个女人的宽容，来自一颗善待他人的心。一个女人的涵养，来自一颗尊重他人的心。一个女人的修为，来自一颗和善的心。眼里容得下别人的人，才能让人容得下她。懂得尊重别人的人，才能得到别人的尊重。

高情商的人往往都是具有同理心和共情力。共情能力高的人，能够随时放下自己的内在想法，真实地关注对方，深入对方，这样才得能显得自己有涵养，也才能真正赢得对方的尊重。

我们想要提升自己的共情能力，还需要仔细观察对方的行为方式。我们需要认真看对方的动作、姿态，以及各种各样的行为。有时，我们不太理解别人，是因为我们从未站在对方的角度去思考。我们需要想象一下对方做出这些肢体动作、行为是什么意思，去感受他人的内在思想是什么，感受他人的状态是什么，说不定就能更好地理解对方，并给我们带来很强大的共情能力。心理学家发现，当你在和对方沟通时有了共情能力，往往也拉近了你和对方的距离。建立共情能力，不仅是从语言上的，也需要从动作和行为方面去加强，当你懂得这样做的时候，你和别人建立的连接就越紧密，自然也会说出和对方共鸣的话语，赢得对方的心。

共情力是打开社交大门的钥匙,如果我们更愿意关注他人,理解他人,更具亲和力,且能表现出满满的正能量的状态,就会变得越来越美,越来越受欢迎。

优秀和成功离不开自驱力

实力对于一个女人的重要性，但不是所有的人都具备实力。真正的实力不是唾手可得的，而是要经过不断的努力才能变得优秀和成功。没有人能随随便便成功，每一个优秀和成功的女人都有一个重要的特征，那就是拥有自驱力。

拥有自驱力的人往往是有目标的人，不论这个目标是什么，是健身、减肥、保养皮肤，还是赚钱、学习，抑或是任何一个领域。

有了目标并不断进步，在我看来就是最好的行动力。有一个公式：0.99 的 365 次方等于多少？如果你有计算器的话，你可以算出来约等于 0.03。也就是说，今天你没有全力以赴，你只是做到了 0.99，那 365 天以后你得到的分数是 0.03，你退步了。那 1 的 365 次方等于 1。0.03 跟 1 这个数字相比差距好大。那如果你进步了，每天都保持自己没有退步，那就是 1，如果每天进步一点点，1.01 的 365 次方等于多少呢？约等于 37.78。换句话说，一个人每天退步一点点，他的分数是一年 0.03。如果他每天进步一点点，那么一年以后的分数是 37.78，是 1 的将近 38 倍。如果进步再比 0.01 多一点点的话，也就是 1.02 的 365 次方，那就约等于 1377.41。这个数字相信大家都觉得很震撼。

所以，每天看似只进步了"一点点"，可是一年下来所产生的能量是非常可观的。所以，每个人都要问问自己今天做了什么？明天的计划是什么？今天的收获和心得体会是什么？每天精进一点点，一年以后你会发现两个人的差距已经是天壤之别了。

拥有自驱力的人会做时间的主人，向着设定好的目标前进。举个最现实的例子，如果我们定下减肥计划，目标是练出马甲线，那么就要给自己做一个健身计划，每天锻炼多长时间，都做哪些锻炼。只有规范自己的行为，才能成为自己的主人。

自我驱动型的人，最终要以结果为导向。

实现目标的一个重要方法是专注。专注于明确的目标，并排除干扰，这是在任何领域都能取得成功的关键。真正决定人与人差距上限的，不是勤奋，而是能否长时间将注意力全神贯注地集中到正在做的事情上。

优秀和成功的人很多，但他们的共同特质离不开有了目标后的持续努力，靠的就是自我驱动的能力。当我们想要变美，变瘦，变得有能力，靠别人的驱动是不可能实现的，只有内在坚持和专注的力量，才能让自己日渐精进，变得越来越好，越来越美。

自律的人最自由

罗振宇曾在《时间的朋友》跨年演讲中说:"有趣通往自律,自律通向体面。体面带来自信,而自信的人生就像开挂,拥有挡都挡不住的魅力,让人大踏步迈向人生巅峰。"

自律是通往自由最好的捷径,自律的人靠自己的毅力去完成目标,然后实现真正意义上的逆袭与开挂。每一个漂亮女人都不简单,美丽背后都藏着严格的自律。

不管是减重、修正容貌、改变气质,那些好看的人说到底就是自律。也许你会觉得"自律并不难",因为我们每个人都会有个人成长的"动力",也会有在某个瞬间特别想要改变自己的时候。比如说某一次同学聚会,又或许是遇见前男友、心仪对象……忽然之间就像打了鸡血一样变得自律:认真工作、认真生活,不需要闹钟,不需要提醒,不再懒惰,往往这样的自律只能持续几天或许一个月,然后又被打回了原形,觉得什么自律，什么好看，还不如舒舒服服睡个懒觉好；什么运动健肥，还不如当个吃货好；什么化妆变美，还不如追求平凡可贵。所以，短期的自律并不难，难的是长时间的自律，而保持长期"好看"更是需要这样一种自律。

它不是你突如其来的改变，更不是你的一时兴起，而是一种踏踏实实的自律，这种长期自律带来的美，看起来漫不经心，却让人无法抗拒。

自律很难，做个自律的女人更难！我们为生活忙碌，为家庭操心，为孩子焦头烂额，但是这些都不应该是我们自我"堕落"的理由。作为女人，我们也应该有自己的自由和空间。

作为一个自律的女人，要安排好自己的工作和生活，有条不紊地进行。把生活和工作的事情分解开来，不要将工作的情绪带给身边的人。

有的人听说"自律"很流行，于是假装自己很自律。比如，有的人去健身房是真的为了流汗、增肌、减脂、塑型的，但有些人却只是去拍个照片发个朋友圈，告诉别人自己很努力，事实上，前者是真自律，后者却是在假装自律。假装自律的人往往有一种虚荣心在作怪，为了打造自己的朋友圈人设而对别人广而告之，其实对自己没有好处。要做真实的自己，哪怕并不光鲜，只要慢慢坚持下去，终有一天会看到自己的变化。

身边有个朋友，已经是四十出头，还是两个孩子的妈妈。但因为她平时非常自律，喜欢运动和健身，所以身材保持得非常好。很多不知道她年龄的人，在见到她后，都会觉得她是个二十多岁的姑娘。身边的人都羡慕她，觉得她的生活是自己梦想中的那个样子。其实，很多人只看到了她的表面，却不知道她背后多年的努力和自律。人生没有白费的努力，每一步都在见证和回报。

自律要真实的自律，不要假装自律；不要形式上的自律，而是要目标上的自律。

比如，规定每天晚上 10 点睡觉，或者早上 6 点起床，或者每天刷视频不要超过一个小时，这都是形式自律。自律的本质应该是在一段时间里给自己设定的目标，我一定要全力以赴地去达成，不管形式是怎么样，我要的是最终结果。

有人说失败是成功之母，我一直不太相信，比如制定了目标总完不成，时间久了反而会打击坚持下去的信心，如果一个拥有目标自律的人，她们都倾向于目标能够达成，并努力让每个目标都达成，因为它有一个正向循环或者正向反馈。对目标的自律，需要做到以下两点。

第一，不要制定大目标。要制定去努力就能够得着的小目标，比如，制定一个"一周减肥一斤，持续做到四周"这样的目标，而不是制定"一年减 20 斤"的目标；明年收入增长 30% 或者 50%，而不要说明年收入翻几番。

第二，如果定的目标是合理的、可以达成的，那么每次定了就要全力以赴去达成。经过反复循环，最终你就会养成习惯，这个习惯叫"我习惯了达成目标"。

我们在生活中都会遇到这样的心态：明明知道自律能够带来很多好处，但就是做不到。这是正常的状态和心理，之所以做不到自律，只是因为我们的内心还不够迫切。人如果有了自己迫切需要达成的目标，就会慢慢变成自律而积极的人。有时候坚持和积累比努力更重要，努力了不一定成功，但是坚持了一定会有效果，坚持才会让人更自律，自律才会让人更自由！

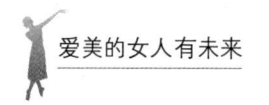

投资自己是最高级的保养

最近这些年，人人都在谈论投资理财、投资学习、投资事业……但是这些投资都离不开投资自己，尤其是女性。在职场上拼命的时候，女人忘了投资自己的健康；在为家庭付出的时候，忘了投资自己的学识。如今，大多数女人都不敢懈怠，她们想要和男人站在同一高度上，那就要付出更多的努力。所以，她们在学习工作方面疯狂投资，却忘了投资自己。其实，当女人真正学会投资自己的时候，便能够得到最想要的东西。正确投资自己，比什么都重要。

巩俐在接受记者采访时说："一个女人，并不是你长得十分漂亮，找到一个好老公，你的人生就完美无忧永远幸福了，你需要投资自己，经营自己的一份事业，这才是最可靠的和保持独立的方法，也是保持自身价值的最好方法。"

女人无论在什么年龄，始终要会投资自己。股神巴菲特在接受《福布斯》杂志采访时说：有一种投资好过其他所有的投资：那就是投资自己。没有人能夺走你自身学到的东西，每个人都有这样的投资潜力。有远见的女人，都懂得投资自己，越早投资自己，就能够越早获益。

我们可以从以下几个方面对自己进行投资。

第一，投资自己的形象。这是一个颜值经济的时代，好的形象本身就是资源，所以无论是在皮肤上的投资还是在身材管理上的投资，都是对自己的美丽进行加持。不要买劣质化妆品，不要等皮肤出了问题还不舍得修复和治疗，更不要放任自己的身材不断走样，要在形象上投资时间和钱财。

第二，投资自己的衣品。人靠衣妆马靠鞍。女人要学会穿衣搭配为自己的形象加分，衣服不一定选择最贵的，但一定要选择适合自己的，找到自己的穿衣风格，比如颜色、款式等。这个世界上本就不存在丑女人，只有懒得打扮和不舍得打扮的女人。把自己打扮得光鲜亮丽，不止会让人眼前一亮，也能在一定程度上影响自己的心情。

第三，投资自己的思维。人的思维需要锻炼和不断学习才能跟上时代的步伐。如果你不学习，你的思维就会僵化，看问题的眼光也会变窄，思维和格局更是会变得狭隘。作为女人，不管在什么行业，不管是什么身份，都不能放弃学习，只有学习，才能把你塑造得更加完美。

第四，投资自己的事业。事业，给一个女人带来底气和自信。尤其这是一个开放又包容的时代，女性创业已经非常普遍，只要用心去做自己喜欢的东西，就能打拼出一份属于自己的事业。

第五，投资自己的健康。有的女人为了家付出，为了事业打拼，身体出了状况也不及时去体检，时间一长就拖出了大问题。所以，女人平时要在养生上投资，给自己买健康险，定期去体检，有了健康才会有一切。不管生活如何烦琐，不管工作如何劳累，都要抽出一定的时间锻炼身体，因为这是一切的根本。一个人，若没有了健康，再好的本事，再多的金钱，再大的名望，都会变得微不足道。

女人只有懂得好好经营自己、投资自己，才能越来越好。

拥有成长型思维才能永远年轻

斯坦福大学心理学教授卡罗尔·德韦克提出了"成长型思维"的概念,并经过大量的案例和研究,提出结论:决定每个人成败的是思维方式。她将人的思维方式分为"固定型思维"和"成长型思维",思维方式的差别,决定了人的格局,也决定了结局。

这个世上有很多出色且优秀的女人,她们是具有成长型思维的人,没有一个成功者的思维是僵化而固定的,成功的背后一定有成长型思维在起作用。

成功是一种静止的状态,而成长却是一种持续的状态,即使一个很成功的人依然不会放弃成长,反之,一个停止成长的人很难取得更大的成功。一个女人的成长,不仅代表了我们自己,更代表着身边人的幸福。

人的一辈子有4次改变自己命运的机会。一次是含着金钥匙出生,一次是读个好学校找个好工作,一次是通过婚姻来改变自己。如果以上三次机会都没有了,那我们还有最后一次机会,那也是唯一的一次机会,就是让自己变得强大。如果你是一个女人,你的丈夫很优秀,你必须成长,跟上他前进的脚步;如果你的丈夫不优秀,你必须成长,因为你没有靠山。如果你的孩子很优秀,你也必须成长,因为你不能成为他的绊脚石;如果你的孩子不优秀,你也必须要成长,因为你要引领他的思想。女人的成长比成功更重要,甚至会影响到整个家庭的命运。

当一个女人拥有了成长型思维,她的注意力就会放在自己身上,而不是天天放在老公和孩子身上。一个成长的女性是一个拥有自我的女性,会有自己的兴趣和圈子,会有自己的目标和方向。当我们在某一个层面上找到了自己,并在这个世界上能够占有一席之地,那样才算是站稳了脚跟。所以,女人的成长核心就是需要把责任放在自己身上。

成长型思维者认为,万事万物通过自己的参与都可以改变,因此,心智也在不断迭代强化,从而造就非凡人生。具有成长型思维的人,往往不给自己设限,不惧怕挑战。

有两个女生是闺蜜,从大学同窗到结婚互相当伴娘,两人亲密无间。但嫁人以后两人的生活却出现明显的不同:第一个女孩嫁给了自己的大学同学,他是一家小公司的普通职员,收入仅够维持生活。而女孩从大学毕业以后就开始经营自己的网店,从卖化妆品到服装再到卖母婴产品,靠着自己的努力让母婴产品店开了好多家连锁店,生意做得风生水起。后来，丈夫在她的影响下也出国深造了两年，回来以后主要做乐器方面的生意，也做得特别好。第二个女孩嫁了一个富二代。她从结婚以后，就一直在家当全职太太，因家里条件好她也不用上班，每天的生活除了逛街就是约朋友出去玩，毕竟家里有保姆，什么事情也不用她干。最后，第一个女孩成了身价过亿的企业老板，第二个女孩则和丈夫越来越没有共同语言，最终离婚了。

可见，依附型的生活永远不会是一辈子的，只有不断成长，才能活出属于自己的人生。

拥有成长型思维的人往往是不甘平庸的人，她们想要变得更好，去追求更优秀的自己。如果不去变得更好，那么活着就成了日复一日的重复，毫无新意。

如果我们实现了梦寐以求的优秀，我们会找到存在的意义，以保持并享受奋斗的过程。有时候，你也能感觉到：奋斗的过程比结果更让人有快感，还有希望，还有意义。

更重要的是，当一个人拥有了成长型思维，他看问题的角度也会发生非常大的改变，消极情绪会逐渐减少，积极情绪会上升；不会轻易生气，会把挫折当成是学习的机会，从而让自己不再拥有玻璃心，最终变得越来越强大。

以前看过一个新闻，一个60多岁的阿姨重新走进校园和不到20岁的学生一起参加高考。记者问阿姨为什么会在这个年龄选择重读高中，阿姨说什么都不为，只是不想这辈子有遗憾，就想让生活过得更充实一些，证明自己还很年轻。

说得多好！想要证明自己年轻的最好办法就是不要停下，努力成长，不断成长，拥有成长型思维，并积极应对生活中的各种挑战。

第 5 章
学识美：让美变得不肤浅

爱美的女人有未来

恒久的美来自学识

著名作家林清玄说:"三流的化妆是脸上的化妆,二流的化妆是精神的化妆,一流的化妆是生命的化妆。"那么,对于女人来说知识就是一流的化妆品,能够使用一生不过期反而增值。知识能够陪伴你度过漫长岁月,内化成你的高情商、会处事、有底蕴的知性与优雅。拥有知识的女人从来不必担忧年老色衰,比起外貌,更性感的东西是自己的思想。它能够让你在这个撞脸的时代脱颖而出,可能你不是那个外表最好看的,但一定是那个最让人过目不忘的。

知乎上有一个问题:"不读书的人到底输在哪里?"回答的人很多,大部分都传达出了一个共同的认知,那就是如果一个不读书、没学识,但长得很漂亮的女人,这种美也是很肤浅的。

培根说:"读书使人充实,讨论使人机智,笔记使人准确,读史使人明智，读诗使人灵秀，数学使人周密，科学使人深刻，伦理使人庄重，逻辑修辞使人善辩。凡有所学，皆成性格。"

三毛说："读书多了，容颜自然改变。"

许多时候，自己可能以为许多看过的书籍都成了过眼云烟，不复记忆。事实上，它们仍潜在气质、谈吐和胸襟里，也可能显露在生活和文字里，体现在见识里。

一个女人的见识，既不单指见闻，也不限于知识。但肯定是从学习知识、增广见闻中起步的。见识，是对客观事物的一种综合认识、理解和判断能力，它包含眼光、见解、思维方式、分析能力，包含对过去历史经验的总结和应用。任何一个女人都需要成长，这种成长既表现在生理、心理的逐渐成熟，也体现在知识的丰富、才华的卓越上。从这个意义上说，女人拥有了知识，也就拥有了一种超越自我的手段。一个被知识装备了的女人就是不一样。她会变得格外通情达理，她会更加看重女人的独立和自我价值，她会对世界多几分本质的了解……因此，她比一般的女人沉着、开朗，更多几分可爱的书卷气。她们的美也显得更加动人和深刻。

在现实生活中，见多识广的人往往自带光环。她们因为眼界宽广，对人性、人生有深刻的理解，所以总是非常善解人意，性格宽容随和，举手投足间流露出一种让人舒服的大气。我们要成为这样的人，其实并没有多难。所需要做的，就是尽可能去开阔眼界，然后将收集到的信息内化，从而形成有建设性的行为。当你因为眼界的改变，做出了一些对自我有所突破的事情时，你的格局也会在不知不觉中改变。也只有身体力行，眼界与格局之间才会架起一座宽阔平坦的桥梁，让你变得智慧。

成为一个持续学习的人

有句话说,学历代表过去,学习力代表将来。女人腹中有学识心中才会有主见,灵魂自然有香气。屠呦呦获奖时发表感言:"不要追一匹马,你用追马的时间去种草,待春暖花开的时候,能吸引一批骏马来供你选择。"

可见,越优秀的人,越懂得拥有学习力的重要性,持续的学习就是不断为自己增值的过程。今天我们处于一个什么样的位置和形态并不重要,重要的是未来的几年里,你会用什么样的方式持续迭代?

我们都熟悉一句励志语:"时代抛弃你的时候,连招呼都不会打。"的确,现在是一个快节奏的时代,各路能人显神通的时代。随着信息与技术的更迭非常迅速,如果不能拥有持续的学习力,就会被时代抛弃。尤其女性开始走向职场,开始担负起教育的重任,还要开创自己的事业等,只有坚持学习,不断完善自己,才能让生活和工作有质量,也才能

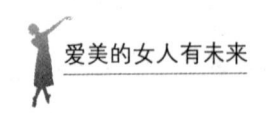

扮演好各个角色。不夸张地说，学习力才是一个女人最好的靠山。

有位男士曾感慨地说："时代变了，现在的女孩子越来越不容小觑了，她们有了事业心，会发表自己的社会观点，甚至不再把感情看得太重了。"这样的说法很对，这一切都源于女人有了生存能力和自主意识的提升，拓宽了自己的眼界，在生活中有了更多的话语权，也不再把"嫁汉嫁汉穿衣吃饭"当成人生的终极目标和归宿。而要想实现事业的成功，个人观点被重视，情感上独立不依附需要的就是学习能力。

试想，一个不爱学习的女人，她如何在这个快节奏发展的时代跟上节奏呢？一个不爱学习的女人，如何给孩子当榜样呢？一个不爱学习的女人如何能让自己的职业和事业蒸蒸日上呢？一个不爱学习的女人又如何保持清醒的思考力和与人交往的高情商呢？

所以，这是个女人必须学习的时代，也是一个人的智慧和底气的来源。

林青霞的美貌让她红遍华人世界，但并没有给她广阔的坦途，她的爱情和婚姻让她一度抑郁。后来，阅读以及学习写作拯救了她。她出版的书《云来云去》让她在具备演员身份的同时还成了作家，开启了人生更多的可能性，活得更加通透而随性。

学习能力是一个女人必须置顶的最重要的能力。社会赋予了女性太多的角色，还要求她们要扮演好自己的角色，甚至是成功的角色，这往往忽视了女性自己的理想，忽略了女性自我价值的实现。可是，当形形色色的角色阻碍了女性的自我价值实现时，难免会引起女性内心的失落，而失落、焦虑和迷茫，也让女性看到了前进的动力，也深知，这个时代唯有持续的学习力，才是一个人的核心竞争力。

我们想要活出自己的底气，不害怕随着年龄渐长带来的价值贬值，除了不断学习没有其他的捷径。

女性的学习能力除了实用以外也能够提升个人魅力，事实证明这是女人最好的升值保证。那些睿智的女人不仅在职场当中要比美丽的花瓶更受欢迎，在家庭当中前者也比后者更具有持久的吸引力。

聪明的女人会利用时间

很多人不是不爱学习,而是没有时间,要么被家务占用,要么上了一天班之后人已经筋疲力尽,再也没有多余时间去干别的。有句话是这么说的,拉开人与人之间的距离正是下班后的时间。一个人把时间花在哪里,成绩就在哪里。一个想要拥有学识和修养的人离不开学习,但学习效果的明显跟会不会利用时间、管理时间有着十分密切的关系。那些高效能人士之所以成功,是因为大部分是时间管理高手。

有什么办法可以让我们做好时间管理呢?效率大师艾维利曾经提出过一个叫"6点工作制"的方法,简单来说,就是将自己所要做的事按照各自的重要程度来排序,用1~6标记出来。把所有的事情都标记好后,竭尽全力地去完成被标记的每一件事,这类事完成以后再进行下一件事的准备与推进。事情要一件件地去做,千万不要这里做一点儿那里做一点儿,最后只能是什么事都做不成。另外,还需要注意两点。第一，给自己设立一个不被任何事物打扰的时间。这个时间的长短，可以具体根据自己的情况而定，在这个时间内，我们不受打扰，可以全身心投入，效率也会比较高。第二，大多数人都会做计划，但为什么能够按照预定计划完成的人却寥寥无几呢？就是因为缺乏对自己行为的监督。我们可以给自己设定一个奖惩机制，从外部行为上督促自己。除此之外，也可以抽出时间回顾及清理一下自己的待办事项，完成1/3~1/2再到基本上完成，被清理掉的部分给你带来的成就感就是推动你继续完成的动力。

有一个时间管理工具叫作"四象限法"，是由美国管理学家科维提出的时间管理的理论，把工作按照重要和紧急两个不同的维度进行了划分，分为四个"象限"。

第一象限：既重要又紧急的事；

第二象限：重要但不紧急的事；

第三象限：不重要但紧急的事；

第四象限：既不重要也不紧急的事。

管理学家发现，普通人和高效能人士最大的差别在第二象限（重要而不紧急的事）和第三象限（不重要但紧急的事）。

高效人士在重要而不紧急的事情上花费了自己的大部分时间，而普通人在不重要而紧急的事情上花费了大部分时间。

第二象限——重要而不紧急的事情是最容易被人搁置的，而这些事恰恰对事业和生活影响最大，包括人生规划、学习知识和技能、改善健康、陪伴家人和朋友、享受生活。而且，你一旦忽略第二象限，它们会跑到第一象限里变成重要而紧急的事情。比如，你不注意饮食和休息，身体垮掉了，就会影响事业和生活品质，以及其他的事情。

我们需要做的是减少不重要而紧急的事情，把尽可能多的时间分配到重要而不紧急的事情上去。

时间对于每个人来说都是公平的 24 小时，不会时间管理的人会在不重要又不紧急的事上浪费大量的时间，而真正用来处理紧急又重要的事情的时候往往就会显得时间不够用。当我们学会了时间管理，就会在有限的时间里做出更多成绩。

时间就像一张网，撒在哪里，收获就在哪里。在对的时间里做对的事，就是最好的时间管理。千万不要把时间消耗在追剧、刷视频和逛购物平台，这些看似很简单的事情却是最能偷走人时间的黑洞，拿着手机一刷就没了时间观念，追个电视剧跟着剧情就会分不清现实与虚幻，逛购物网站不但累眼累心更费钱。

所以，戒掉一些不良的爱好，把有限的时间用来做一些提升自己能力和知识的事情。慢慢地，你就会在自己的领域里找到越来越充实的成就感。

成为大格局的女人

有人说,能力决定人的下限而格局决定你的上限。我身边不乏很多独立、精致、能力强的大格局女生。与大多数女生不同的是,她们非常清楚自己想要什么,从不拘泥于鸡毛蒜皮的感情琐事,活得自由并且积极。在和她们相处的过程中,不但很舒服,而且能学到很多知识和待人处事的方式方法。

什么是格局呢?

格是对认知范围内事物认知的程度。局是指认知范围内所做事情以及事情的结果,合起来称为格局。不同的人,对事物的认知范围不一样,所以他们的格局也不一样。一个人的格局就是在他做人处事的时候,既有智慧的深度,又有修养的宽度。所以,一个人的气度和胸襟,与他的视野是否广阔有着很大的关系。格局大的人,自在平和,心胸宽广,能够体察他人的情绪和想法,受人尊敬。反之,一个没有格局的人处处为自己设限，同时也不能正确处理与他人的关系，日子过得既拧巴又疲惫。

一个女人的格局大小，决定了她收获幸福的能力。有格局的人往往是有大智慧的人。格局是一个人的眼界和心胸、情商和智商、修养和品格等素质的综合体现。拥有格局的女人，会在普通中变得不普通，在平凡中变得不平凡。有格局的女人就是有智慧的女人。在现实生活中，我们可以看到许多有格局、有智慧的女性标杆：

董明珠，在看似为男人所支配的商界闯荡出了一片天地，被誉为"商界铁娘子"；

董卿，收获了名与利之后选择隐退去充实自己，然后带着强大的气场回归，无论是主持《中华诗词大会》，还是制片并主持《朗读者》，呈现给观众的是满腹书香气，一身气自华；

演员刘涛，在婚后选择相夫教子，全身心投入家庭，又在丈夫遭遇挫折时挺身而出，帮家庭渡过难关，成为能屈能伸，为爱拿得起也放得下的女人；

《哈利·波特》的作者J.K.罗琳，曾靠失业救济金过活的单亲妈妈如今却是身价5亿英镑的著名作家，从一个连房租都无法负担的单身母亲到畅销书作家，她不但凭着自己的力量拯救了自己和家庭，还为全世界点亮了一盏想象的灯。

不同的领域，不同的身份，但在她们身上，有着女人的格局。这种格局是董明珠事业打拼时的"巾帼不让须眉",是董卿文化素养提升时的"宝剑锋出磨砺出",是刘涛遇到低谷时的"不言苦累大度且从容",是J.K.罗琳在遭遇生活痛击时的"置之死地而后生"。

那么,我们普通人如何修炼自己的格局呢?

第一,遇到大事不糊涂,遇到小事不计较。杨绛曾说过,人所以烦恼,在于读书太少,想得太多。凡事都想计较,凡事都在意,就会把自己搞得很累。有格局的女人往往能够看得开,遇事大度从容,对人很少计较。没有智慧的人,遇到大事的时候没主见甚至找不到方向,却在小事上斤斤计较。我们每天都会经历这样或那样的事,每件事的重要性也不尽相同。有的事至关重要,有的却无关紧要,重要的事情固然应该认真对待,然而如果小题大做,成天为无聊的小事发愁的话,是无法成就大事的。当然,一些在无聊的细节之处过于较真的人,在社交中你也是令人讨厌的,又怎么能谈得上有格局呢?

第二,把嫉妒心变成上进心。经常嫉妒别人的人既可悲又可怜,她们花太多的时间去关注别人,往往忽略了自己。其实,女人应该想想为什么你嫉妒的人比你有才华?为什么你嫉妒的人比你富有?为什么你嫉妒的人比你幸福?为什么你嫉妒的人比你身材好颜值高?为什么你嫉妒的人比你努力?嫉妒心重的人往往没有正确认识自己,更谈不上有大格局,只有正确认识自己,接受自己的不足,从而努力一步一步去变优秀,成为一个自信的女人。这样的话,你不但不会嫉妒别人,还会成为别人的榜样和标杆。

第三，热爱生活。无论多忙多累，都要对生活充满信心，把生活过得有仪式感，始终保持一份"家人闲坐，炉火可亲"的生活热爱，并把平凡普通的生活过得有滋有味。不要总说自己忙得没时间陪伴孩子，没时间整理家，没时间和爱人约会，要知道忙碌的意义在哪里，生活的重心在哪里。

在纷扰复杂的社会中，女人需要的正是那种有大格局和活在当下的境界。该工作时就工作，该休息时就休息，放下烦恼，摒弃忧思，全身心地投入眼前的每一分每一秒，并坦然地接受它、享受它。每个人的生命只有一次，过去无法改变，未来尚未发生，只有当下才是最为真实的。

拥有好习惯才能悄悄变优秀

孔子说:"少成若天性,习惯成自然。"

当我们将某种行为坚持下去的时候,无论是有益的行为还是无益的,一段时间后,它就会成为我们日常生活中一种不可改变的习惯,久而久之,就会影响到我们的生活和命运。

习惯,就是那些我们每天或者每时每刻不用思考,不用刻意去调控,当然更不需要别人的督促和要求,就自然而然想要做的事。而这种自然而然坚持下来的习惯,是需要花时间去培养,然后落到实处的。

有这么一个故事:

一个叫丽莎的女人,16岁开始抽烟喝酒,靠借债度日,人生最长的一份工作也只做了不到一年,并且在人生的很长一段时间,她都在和肥胖作斗争。

她的人生,可以说糟糕透了。

在 34 岁的时候,她开始努力改变自己的生活习惯。不再喝酒,也戒掉了烟,开始努力学习,攻读硕士学位。

终于,她减掉了 60 磅体重,有着两条长跑运动员一样的腿。如今,她已经在一家设计公司连续干了 39 个月。

丽莎的传奇人生,看起来像是只会在电影里发生的励志故事,但也的确是真实生活中发生着的故事。

日常生活中有抽烟习惯的人,明明知道"吸烟有害健康",但他们依然无视这种威胁健康的警告,不是因为他们的思维和认知有问题,而是习惯让他们停不下来。经常跷二郎腿的人,明知道这个习惯长时间下去会引起脊柱变形影响体态,甚至还会产生其他健康的问题,但是他们依然会跷二郎腿。

由于习惯的强大,好习惯和坏习惯同样强大,要想让自己变得优秀,我们必须改掉坏习惯,努力养成好习惯。

那么,女人如何让自己变得优秀呢?可以参考以下几点好习惯。

第一,阅读的习惯。一个人认知能力的提升和眼界的拓展离不开两个途径,读万卷书或行万里路。行万里路有些奢侈,在没有时间和经济基础的情况下很难实现,而阅读却是最低门槛的高贵,随处都能读,随时都能读,博览群书并不需要太多的经济基础和时间,碎片化的时间里都能挤出无限多的阅读时间。

有人采访董卿时,她说:"我一直保持每天睡觉之前一个小时的阅读，这个几乎是雷打不动的。很多人说'你还能坚持吗？'其实无所谓坚持不坚持，就是你已经习惯了。"一个人之所以优秀，是因为背后有优秀的习惯。她能成为央视一姐，并且能够做出《中国诗词大会》这样广受好评的节目，如果没有过硬的知识底蕴，肯定是拿不下来的。

第二，运动的习惯。运动的好处说多少都不为过，生命在于运动，健康在于运动，年轻在于运动。如果不爱运动，代谢就会变慢，除了难以保持好身材之外还会引起身体的其他疾病。而有运动习惯的人，总会给人一种充满活力的感觉，不但身体紧致有型，皮肤也会因为运动带来好气色，最主要的是运动让人心态积极乐观，充满健康。爱运动的人不会挑场地，不会挑天气，既有室内运动，也有室外运动，想怎么运动就怎么运动。只要你迈开腿，随时都可以。比如，能步行就尽量不开车或坐车。步行20分钟、30分钟，这无疑就增加了你运动的成果。严格执行自己的运动规划，习惯成自然，想不运动都难，好身材当然也就练成了。

有句戏言说"四肢发达的人往往头脑简单"，经过大量的事实研究证明，这不但是一句戏言还是个悖论。往往四肢发达的人代表着健康和活力，从而影响了头脑和思维，会让人变得更聪明。

运动对于健康和养生来说，更是百利而无一害。不夸张地说，只有动起来才能把年龄"冻"起来。生命在于运动，要想身体好，坚持锻炼不能少，几乎所有增加身体抵抗力、提高免疫力的方法都指向了运动，

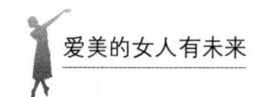

生活中那些坚持运动的人看上去的确更有活力。

我们可以把身体比作一台运转着的机器，机器都是有使用年限的，不论你使用什么样的方法，只会让这个年限缩短或者延长。机器长久不用就容易生锈，那么这台机器的一生也就到此为止了。若想延长机器的使用时间，就需要给它进行保养。对于一台没有破损的机器来说，最好的保养方法就是给它上油，对于我们的身体来说，运动就是最好的保养方法。养成运动的习惯，其实每天只需要花费半小时，就能收获全新的自己！

第三，冥想的习惯。科学验证，冥想可以改变人的大脑，提高记忆力以及缓解焦虑，长期冥想将会使人始终保持平和的心境。身体是我们灵魂的圣殿，身心本是一体的，身心健康是一切的基础。我们知道，当心理出现状况时，身体就会有各种各样的反应：不舒服、亚健康症状或是疾病。同样的道理，当身体出现状况时，也可以通过解决心理问题来疗愈。通过打坐和冥想，重建人与自然的和谐关联，通过人与人之间的微笑与拥抱，通过爱，可以帮助我们每一个人如花般绽放。

当一个人通过阅读、运动、冥想，最终达到身心完全放松，情绪平和，表情柔软，声音不再充满抱怨和暴戾的时候，她给别人的印象是善良而美好的。

真正厉害的人有自控力

为了减肥能够管住嘴迈开腿，为了变美变健康能早睡早起，为了提升自己的认知能够避免无用社交，管住对电子产品和无聊事情的诱惑，为了保持美好的爱情和婚姻能够不断成长……这些都可以归为自控力的范畴。无论哪个领域，真正厉害的人，无不具备这种强大的自控力。女人更应该如此。

有一个关于自控力的经典棉花糖实验：

研究人员找来一群4岁的孩子，给他们每人一块棉花糖，并且告诉孩子，"如果现在不吃掉这块棉花糖，15分钟后等我回来，会再给你一块棉花糖。"

研究人员离开房间后，有些孩子马上就吃掉了棉花糖，有些却通过各种方法来转移自己的注意力，忍住没有吃糖。通过十几年的追踪研究，心理学家发现，没有马上吃掉棉花糖的孩子长大后有更强的竞争力和自信心，能更好地面对挫折，不管是在人际关系方面还是在学业成就方面，都比马上吃掉糖的孩子更成功。

我们先不讨论这个案例的科学性和最终拥有自控力的孩子究竟有多成功，但我们不难看出，自控力对人的成长、生活、工作都很重要。

有一个朋友，三年前的体重一度就要飙到 200 斤，一米七的个头，整个人看上去快要变成"正方形"，为了让自己不再继续这么胖下去，她在一次与朋友的聚会上做了一个承诺，要在年底再聚的时候让大家看到全新的她。等到两年后的第二次相聚，她翩翩而至，小西装配短裙，戴着墨镜闪亮登场时，大家除了尖叫还有惊愕，是什么样的魔法让一个原本体重 200 斤的胖阿姨恢复成了 A4 腰的小姐姐呢？

她说："我既然跟大家承诺了，就一定要兑现。从夸下海口的那一天，我就去办了一张健身卡，并严格给自己制定了严格的锻炼计划，连教练都说我太拼了。最后换来的成果就是今天你们看到的样子。"

有人说："胖也有胖的好看呀，那是富态美。"但她说："人要对自己有要求，要有自控力。一个连自己的身材都管理不好的人，还怎么谈其他的？保持一个好身材是外在的皮相，内在却是在维护健康。"

我们跟别人打交道，给人的第一眼都是外在的形象。人人都喊不要以貌取人，但我想说，当一个人连自己的外在都照顾不好，怎么能把其他的照顾好呢？我们见到一个陌生人，如果看到对方身材标准，面容姣好，说明这个人背后的努力，这也是一种强大的能力。

自控力是通过自己要求自己，变被动为主动，自觉地拿它来约束自己的一言一行。

但在现实生活中，我们很多人是难以自控的。比如，说好要坚持晨跑，没坚持几天便中途夭折了；说好要每天读一小时书，没看几天就觉得索然无味了；说好要赚钱买一辆车的，三分钟热度过后就冷却了。

因为自控力不强，对待事情总是只有三分钟的热情，很多事情做到一半便半途而废了。然而，每当想起以前的目标一个个都没实现的时候又会懊恼不已。

要知道，一个人的自控能力越强，才越有可能接近成功和幸福。

懂得自我欣赏，活出自信

如果没有学识，那么一定要有魄力；如果没有外貌，那么一定要有品位；如果没品位，那么就要懂得自我欣赏。在这个世上，每个人都是独一无二的，就像一首歌里唱的那样："我就是我，是颜色不一样的烟火。"

女人能够自我欣赏，觉得自己是独一无二的，才能真正自信起来。女人只有自信起来、强大起来，才是优雅气质和美的源动力。而且自信是自尊的基础，没有自信的人谈什么自尊呢？

不论什么领域，人群中最闪亮的明星永远属于自信的人。自信的女人喜欢符合自我风格的穿戴，喜欢用自己的方式寻找爱情，她们深深懂得幸福婚姻的秘诀。自信的女人拥有内涵，她们是职场上一道亮丽的风景，是交际场上盛开的鲜花。自信的女人心态积极乐观，她们会把最阳光的心态随时传递给身边的人。

学会自我欣赏远比自我怀疑更重要。生活中,活得轻松的人,并不是天生就完美,而是接纳了真正的自己,从而活得轻松自在。

一个人如果在外貌上找不到亮点,但可以因为自信而做出改变,比如一方面通过努力打扮自己,另一方面在其他方面找到亮点,比如事业、运动或其他领域。

心理学上有个现象,当一个人感受不到自我价值时会苦不堪言,就会出现像刺猬一样的状态,内在很柔弱,外面全是刺。这是一种保护自己的状态,这种状态的具体表现是抱怨、发怒、自吹自擂,其实都是因缺乏自尊和自我欣赏导致的。因为缺乏自信和自我价值的欣赏,所以才会通过糟糕的表现来保护自己。反过来,一个高自尊水平的人,懂得自我欣赏的人往往有强大的自信,她不会因为外界的眼光和定义来决定自己是谁,而是自己能够决定自己是谁,无须向别人证明。

真正的自我欣赏来自以下三个方面。

第一,消解自己的负面情绪。人在平时没有遇到坏事情的时候也许能够自信一些,但遭遇挫折和打击、身处困境的时候往往会自责,觉得自己没做好,这样就会胡思乱想,让自己陷入消极的情绪中。所以,情绪不好的时候,要把关注力放到自己的身体上,感受身体的表现,尽快把注意力从负面情绪中转移出来。人一旦让坏情绪消停,思维就会朝着积极的一面转变。

第二,思考自我价值感的来源,找到爱自己的底气。人的自信来自两个方面：价值感和归宿感。归宿就是你对家庭或某个团体的归宿，你知道有人爱你，这时你就会感到安全。价值就是你感到自己能够创造价值，有能力去做事情而且能做好，不害怕挑战，还能在做事的过程中享受挑战。但这些价值感不能建立在依赖别人的基础上，不要因为别人称赞了你就觉得很快乐。假如他们有一天忽视了你，你同样就会觉得很难过很沮丧。要找到自己的独特性，不对自己进行评价或者评判。要接纳并尊重"自己的形象或状态不是一直完美无缺"，所有的人都不是完人，都会有优点也会有缺点。不用跟别人比较，不要执着在某件事当下的结果上。你是一个什么样的人，价值在哪里，不是这些东西说了算，是你活着，并能够感受到自己活着，这就是价值。

第三，用爱自己激发潜能，变得更好。当一个人持续地爱自己、鼓励和接纳自己的时候，才会从内心升起力量，才会自发自愿地去做让自己成长的事，会把目光放长远，愿意为了长期的幸福而努力。

懂得自我接纳和欣赏的人，在人际交往、执行工作和与人交往方面，都能够保持较冷静的头脑和自信，她们的内心通常会有一个相对完整的思考体系。所以，内心强大的本质就是人格独立和心智成熟。当一个人开始正视自己，不让自己陷入负面情绪并能够正确欣赏自己的时候，内在的自信就建立起来了。

用兴趣抵挡平庸的生活

关于独立女性的话题不断引起社会的关注，很多电视剧也围绕着现代社会的女性生活而展开，比如《我的前半生》《三十而已》等。其实无论是全职太太还是职场女性，真正的独立往往是自己的选择。关键是要有自己的兴趣爱好，不能因为全身心投入职场或投入家庭而失去自我。

女人要发展一个自己的兴趣爱好，有自己喜欢做的事，才会对生活赋予更多的热情。你的日子如若单一，那就以手执笔，涂点颜色。女人必须要培养一些兴趣爱好，去积攒生活中微小的期待和快乐，这样才不会被遥不可及的梦和无法企及的爱打败。

一个人如果没有兴趣爱好，就会把某个人或感情或家庭当成人生的全部，一旦某个人变心或感情出现问题难免会孤注一掷或觉得生命再也没有亮色。而一个有着自己的兴趣爱好的女子，很容易自我化解所遇到的困境，也很容易疗愈自己。所以，培养自己的兴趣爱好等于培养生命的活力。

有自己兴趣爱好的女人，她不会在意年龄，更不会在意任何人。

她或许喜欢在下班之后去健身房练练瑜伽、游游泳，而不是吃完饭就窝在电视机前等8点档。她或许爱阅读、爱绘画、爱写作、爱摄影、爱拍小视频，把自己细腻的感情融进文字和图画当中、写进网络自媒体里。在假期的时候，她收拾起行李，谁也不告诉，然后飞向热带岛屿，畅玩一番。因为这些都是她自己的兴趣爱好，无关他人。有了兴趣爱好的人，自己一个人也可以过得很充实，很丰富。

小丽是一个喜欢旅游、摄影的女生。自从大学毕业结婚了以后，她就以家庭为重，当起了全职太太。因为她先生是做生意的，几乎全年无休。虽然衣食无忧、生活富足，但是没有爱人的陪伴、关心，她总是闷闷不乐的。后来，她终于想通了，快乐不能寄托在别人身上。于是，她捡起了大学时候喜欢的摄影课，买了摄影器材开始学习专门的摄影技术。几年后，她已经变成了摄影的行家。除了摄影，她还喜欢上了美容，索性就研究起美容来。先生看她有了自己喜欢的事情，不再整天缠着他，特别高兴，给她启动资金开了一家美容院。等美容院走上正轨之后，她便给自己制定了每年出去旅行两个月的计划。如今，她已经把沿海城市都走遍了，每到一地，她都会去美容院做个SPA，体验一下别人的服务，回去之后便改进自己的美容项目。没过几年，小丽的美容院的生意越来越红火，而她也变得越来越开朗，越来越有魅力了。

兴趣独立是一种能力。有爱人陪伴的时候，能感受到其中的甜蜜和幸福。独自一人的时候，也能体会到其中的自由和快乐。兴趣独立的女人，牢牢掌握了让自己快乐的钥匙。你越会取悦自己，别人才更想取悦你。

有人说，兴趣爱好最大的用处是你可以通过它来培养你的自制力。

比如，你突然爱上了钢琴。表面上，你浪费了很多时间和金钱，但是钢琴会成为对你的约束，要练琴、要专注、要花费大量的时间努力向上。所以，当钢琴真的成为你的爱好时，你会有一项意外的收获，就是你成了一个有自制力的人。这会实质性地影响你的其他事业，帮你重塑自我。画画、运动、瑜伽、美容，这些爱好都有这样的功能。它也能帮我们判断，什么才是一项真爱好。比如，有人说，自己的爱好是看电影和听音乐。如果你没事就刷个片子，戴着耳机，这不是爱好，这是消遣。爱好，它不是你生命之外的东西，而是你费了多少力气把它变成你生命之内的东西。

爱好，不是这个东西给你带来了多少次愉悦，而是你为它投入了多少次自我约束。

女人无论什么年龄,都要培养一两个爱好,找到这些兴趣爱好的圈子,就会有许多丰盈的日子,有长久的精神养分。这就是女人需要培养自己兴趣爱好的根本意义。

用"独立"展现高价值感

现在这个时代非常推崇独立女性,可是真正的独立女性应该是什么样的?我想每个人都有不同的定义。很多人对于独立女性其实不乏误解或是刻板印象,比如"单身""不婚""女强人""丁克"等标签,都贴在了独立女性身上。事实上,真正的独立女性是在合适的年龄做合适的事,并且从来不受世俗的价值观所牵绊。独立女性的样子往往是集美丽、智慧、优雅、知性于一身,学业、事业、婚姻、家庭也都不差的人。

那么,女性的独立主要体现在哪些方面呢?

第一,对自己外貌的独立定义。万千大众各有各的相貌,也各有各的美。有的温婉如小家碧玉,有的端庄如大家闺秀,有的奔放,有的内敛,有的五官精致,有的气质外显,不同的人眼里美丑也不同。独立的女性也许并不是天生丽质,但却知道容貌在这个高科技医美盛行的时代也是可以改变的，气质也是可以内化和提升的，所以不会对自己不完美的外表产生自卑感，会对自己的形象有独立的定义。

国际超模吕燕长相并不出众，扁平的脸上还有不少雀斑，细小的眼睛看不到神采，但却成为最早走出国门的超模。尽管她的长相被很多人不看好，但她却说她从来没有认为自己长得丑，不会因为长相而自卑。从她身上可以学到一点，一个人的自信是由内而外散发出来的，而不仅仅是外表的长相。于是，她通过努力学习，让自己拥有了与其他模特不一样的美，在舞台上真正绽放了属于自己的光芒。有记者采访她："吕燕，你觉得自己漂亮吗？"她回答："我不算漂亮，但也不丑，我觉得自己挺有气质的，尤其具备T台的气质，我就是一个行走的衣服架子。为什么女孩子一定要漂亮？做一个出色的模特更重要的是要有自己的独特性，不是吗？"这个勇敢而镇定的回答让我们看到了真正有自信的女人才是最美的。后来，她的模特事业遇到瓶颈后，她毅然选择回国创业，当起了服装设计师，开创了"像我"服装品牌。她说："我现在就是努力做一个女商人。如果我还拿模特的身段来创业，那肯定成不了。我很喜欢和佩服企业家精神，特别是靠卖一个零件就能起家的那些企业家。"不论是模特还是设计师，她都能从容应对。就算被嘲"中国丑小鸭"又怎样，内心勇敢独立的女人一样能活得很精彩。

这个时代，很多女人对自己的外貌产生了焦虑，觉得自己眼睛不够大，皮肤人不够白，下巴不够圆润，身材不够好，却唯独忽略了自己美好的一面。身为独立女性,既要有实力去为自己的美丽做修改,也要有勇气为自己的美丽做坚守,不要看不到自己的美,而是要把自己独特的美展示出来,让自己更有气质,更出众。不要去刻意模仿别人的美,而是找到属于自己独特的美,当那一天到来时,你会发现,这世间的美从来都没有固定的模式,只要让自己快乐满足,就是最美的。

第二,对家庭和婚姻有独立的思考。很多女性到了一定的年纪还没结婚会恐慌;也有一部分女性走进婚姻后发现那并不是自己想要的,却又不敢离婚;再有一些女性把过多的力气用在了改变自己的丈夫身上。这些表现都是思想的不独立造成的。真正的独立,不怕自己"剩下",也不惧失败的婚姻,更不要把所有的赌注都下在别人身上。无论是被剩下还是结束婚姻,都是在追求让自己活得更舒心。不在别人身上下太多赌注也是对自己的自信,不因自己的过分期待对爱人带有太大的期许和压力。

在亦舒的小说《我的前半生》中,子君的前半生,因为不够独立,所以导致了婚姻的失败。而在与陈俊生分开之后,尽管人生艰难,她还是选择了重新踏入职场,让自己变得独立。最终,子君获得了独立且幸福的人生。在婚姻生活中,女人一定要懂得保持独立:独立的经济,可以使女人不依附于别人,将人生的自主权握在自己的手心;思想的独立,可以使女人在婚姻生活中保持自己灵魂的有趣,它不会让婚姻生活变得沉闷。

第三，对自己的事业和圈子有独立的掌控。一个没事可做的人往往会把更多的精力用在无聊上，而独立的女性都有自己的人脉圈子，且有事可做，并会找事做。

有一位专职宝妈，她家的经济条件很好。带娃三年后，闲不住的她开设了专门针对高端宝妈这一特殊群体的线上+线下的俱乐部，为心中拥有"名媛梦"的宝妈们提供展示自己的平台。这些宝妈们的家庭条件都很好，她们在一起共同做事，传递积极的正能量。比如，遇到孩子们的节日，宝妈们便一起凑钱包剧场，给留守儿童送温暖；不定期举办亲子阅读专场、亲子瑜伽专场、亲子时装秀等，既不让宝妈因为带娃与社会脱节，还让宝妈们带着孩子一起参与活动，拓展她们的生活圈和人脉，同时还可以分享各种育儿经验。最初她们只是做公益，随着加入的宝妈越来越多，名气也越来越大，与她合作的商家随之增多。有绘本馆、亲子服装店、户外用品、剧场剧院等都希望能赞助她们的活动。慢慢地，线上线下的高端宝妈俱乐部办得越来越红火。

这位妈妈做的事情就是在打造一个圈子，她把"80后""90后"的妈妈们聚集到一起，宝妈不能每天围着孩子转，她们也需要有自己的生活、社交圈，不能给孩子传递"看吧，妈妈为了照顾你，很辛苦，牺牲了很多"。其实，这对孩子也是一种心理负担。她们经常会带上孩子一起聚会，或者一周一次，让孩子们也多和其他家庭的孩子接触，提高孩子的交际能力。后来，俱乐部的影响力越来越大，创办了两年就有 5 000 名会员，她们的会员加入是邀请制的，只要是宝妈，有着时尚感知和育儿新观念，爱分享，热心，就可以被邀请加入这个特殊的小众群体。虽然会员不多，但是每个会员都非常活跃。会员妈妈们一般有着高学历和较好的经济能力，爱分享，充满正能量。慢慢地，这群妈妈们受到了媒体关注，还被邀请上电视节目参加选秀活动和乡村音乐节。虽然挣钱不是很多，但她因为这个公益平台的打造，认识了很多朋友，给同是宝妈的其他会员们带去了很多快乐，这样的社群也成为她创业的沃土。

可见，独立既是一种状态也是一种心境，是女人知道自己想要什么并且能够为之努力的最好的人生态度。希望每个女人都能够活出独立的自我，不管在什么年龄，都能自信、勇敢、大方、有魅力，成为自己人生的主人。

修复玻璃心，学会反脆弱

奥地利心理学家阿德勒有句话说得好："不怕被讨厌，是获得自由和幸福的开始。"很多人之所以不快乐，正是因为缺少了这种"被讨厌的勇气"。说得通俗一点就是，自从脸皮厚了以后，日子好过多了！

很多人活得不开心不快乐，往往是太脆弱了，经不起一点点的挫折和打击，也就是人们俗称的"玻璃心"。而生活中充满太多的不确定性，如果不把玻璃心修好，动不动就感觉很受伤，那怎么能变得充满智慧呢？

所谓的玻璃心其实就是过度向外求，太在意外界的目光。求赞美，求肯定，求表扬，一旦有一点点不符合期望的外界反应，就会在内心产生很大的波动。一个人，如果她停止向外求，而是更多地向内心寻求，达到一种自我满意、认可自己的状态，那就会幸福得多。

相信大家都有过这种体验，你获得了很好的成绩，好多人来祝贺你、夸奖你，但偏偏有人说了一句，"有什么了不起的，还不是因为运气好"或者"她也没多大本事，只不过有人在暗地里帮她罢了"。你是不是会瞬间忘了别人的夸奖，只记住了那句批评，然后感觉心情马上就不好了？明明这么多人夸你，为什么一个人的批评就会让你产生那么大的负面情绪反应呢？其实，这就是一种内在不强大，是敏感的玻璃心在作祟。要知道，负面评论也是爱，至少别人花了时间精力来关注你。

修复玻璃心的一个方法，就要让自己换个角度看问题，经常往好的方面想，说到底，就是要提升自己"反脆弱"的能力。

尼采有句名言："杀不死我的，只会让我更坚强。"这句话很好地诠释了反脆弱性。

风险管理大师塔勒布在他的《反脆弱》一书中这样写道："我们一直有个错觉，就是认为波动性、随机性、不确定性是一桩坏事，于是，想方设法要去消除它们。"然而，面对无力改变的外界变化时，拥有强大的反脆弱能力的人却能够承受压力，在磨难中不断成长、壮大，从而让自己变得更强大、更优秀。

现实生活中，总有人比我成绩好，总有人过得比我光鲜，这些都和我没关系——我想要的，才是最重要的，我要努力去改变它。我们只是一个小人物，但这并不妨碍我们选择用什么样的方式活下去。可以看透了生活的无奈，但依然选择不敷衍，依旧热爱生活，努力便是对自己的交代。

你如果想要变成强者，就要配上强者的心。强者知道这个世界不公平，更明白自己能在规则之下做到什么程度，在没能力颠覆世界规则之前，默默为自己的目标努力。强者之所以为强，就是知道规则，顺应了规则，最后强大到自己创造了规则。如果你一开始就无法接受这个世界给你的规则，那么你永远只配做个抱怨的弱者。

逆水行舟，不进则退，你不努力就得输。别人都在为自己的人生增加筹码，你凭什么不努力？在这个只重结果不重过程的现实世界里：你不坚强，软弱给谁看？

美商：智慧女性一生的必修课

什么是美商呢？全称美丽商数（Beauty Quotient，BQ），并不是指一个人的漂亮程度，而是一个人对自身形象的关注程度，对美学和美感的理解力，甚至包括一个人在社交中对声音、仪态、言行、礼节等一切涉及个人外在形象的因素的控制能力。BQ（美商）是继 IQ（智商）、EQ（情商）、AQ（逆商）之后新兴的一种竞争力。

美学变成了一个既时尚又流行的观点，无论是艺术的美还是普通生活的美，无论是从事艺术的人还是普通人，如果不懂美学，不具备美商，则会缺少一双发现美的眼睛。那么，体现在生活中就会不懂美、不会美，不但发现不了身边的美，还不知道自己如何去美。

气质包括漂亮，但不等于漂亮，有的人五官很精致但并不会让人感觉很有气质，无论对谁来说，气质都是极高的赞美之词，是一个人综合素质的外显。

我们常说喜欢音乐舞蹈、绘画弹琴的人有气质，养花种草的人有气质，模特有气质，主要原因就是这些人在进行艺术活动、修身养性的同时也潜移默化地受到了美感的教育。

古往今来，"真、善、美"三字一直被大众所提及："真"是真实，是认识自己和认识世界的能力；"善"是情商，是与他人及社会和谐相处的能力；"美"是"美商"，是自我内心沟通及生活观念与态度形成的能力。

木心说："没有审美力是绝症，知识也救不了。"

吴冠中先生说："文盲不多，美盲很多。"

所以，见识包括审美能力，同时强大的审美力又能反过来提升一个人的见识。

美，可以包括所有无形有形的事物，也包括不同的感知和感受，每个事物美的层次分明，每个人的理解各有不同，每个人感受到的美也不一样。

是什么造成人们理解和感受美的程度不同，水平有高低呢？是美学素养的缺乏，是审美能力的缺乏。

每个人的审美能力由个体、历史、文化等多个原因组成，所以对美的理解会有所不同。

比如，在穿着打扮上，我们经常看到有的人穿一身笔挺的西装却配了一双十分不搭的运动鞋，这样的搭配就不会有美感。

比如，在家装风格方面，有审美能力的人会把自己的房子装修成某种风格，整体追求简单时尚大方，而不是花花绿绿，俗不可耐。

具备了美商的人会明白把自己打扮得干干净净是美，坚韧自律是美，居住整洁拥有扫除力是美，这种美会与生活品质乃至人生格局相关，不管是职场还是交友、择偶、生活等都会比其他人更有优势。据不完全统计，有90%的美商拥有者，能够获得令人羡慕的收入和社会地位。美商和精英总是如影随形，拥有美商者更容易成为精英，精英中绝大部分人拥有高超的美商。

美商如此重要，如果你缺乏这方面的素养，那么，就要通过后天的学习来培养和提升。

其实，美商的培养和提升是一个全方位的工程，包括音乐、美术、形体、舞蹈、演讲等形式。这是一个赶早不赶晚的事情，女子的气质和修养与年龄没有太大关系，越早接触美育，感受到美的氛围，便可以越早发现美，提升和学习如何变美，尽早成为一个从外至内都变得美好的人。

第 6 章
生活美：打造人生主战场

做家庭管理的CEO

都说，男人是家里的顶梁柱，其实女人才是家庭的定海神针。一家人的生活琐碎由女人来操持，一家人的喜怒哀乐都需要她关怀，女人的高度决定了家庭的高度，女人的幸福决定着一个家庭的幸福。一个能够把家庭经营管理得幸福美好的女人，不但代表着智慧，也代表着另一种美的诠释，这是一种能力。

毫不夸张地讲，女人就是一个家的CEO。

有女人的家才是温暖的家，家中才会笑声不断，欢乐不停，幸福永远；

女人是家中最重要的成员，有了女人的家才像个家，有了女人的家才是个完整的家。

家庭是女性展示才华、树立自信、丰富内心的场所。出色的主妇能够管理好家人的饮食起居，料理好家人的营养和健康，安排好收支，教育好子女，她为家庭带来效益，也为社会的进步与安宁贡献力量。但是，要想做一名 CEO 级别的主妇也并不容易，需要在智商、情商、财商、健商各个方面塑造自己，从而让自己变成一个真正称职的家庭主妇。

有一个女孩嫁给外籍男友出国定居了，不到十年的时间生了四个娃。当昔日大学同窗聚会时，她也光鲜亮丽地参加了，只见她身材曼妙，五官精致，根本看不出来已经是四个孩子的妈妈了。当时很多人问她在国外生活得如何？她笑着说，挺好的。上有老下小有，每天被四个孩子围着，简直就成了家庭的顶梁柱。四个孩子的妈妈，常年待在家里的家庭主妇，没有收入的家庭主妇，这样的状况要是别人听了都要觉得糟心死了。然而，再看眼前的这位，身材好到让在场的女同学无地自容，人鱼线、马甲线，统统都有。她没有因为生了 4 个孩子而变得苍老不堪，也没有因为家庭琐事变成黄脸婆，更没有因为文化差异而让婚姻过不下去。她把自己活成了女人的现实版教材：即使当家庭主妇，当了妈妈，依然可以把家打理得井井有条，让自己美美地享受生活。

她向同学们分享了自己的经验，如何让自己活得又美又充实。每天，她 7 点起床给宝贝们做早餐，把孩子送去学校后就开始收拾房间。她喜欢把家布置得很温馨，特别喜欢买沙发垫，各式各样的，也喜欢买地毯铺在家里的不同地方，让家充满小惊喜、小变化、小温馨。

吃完午饭，小睡一会儿，下午去健身。有时，她会一边跑步一边学习做美食。健身完了，她会直接去超市买食材，回家就尝试刚学的新菜，把晚饭都准备好。孩子下午3点放学回家，她要么带孩子出去上兴趣课，要么陪孩子玩耍、在草坪画画。下午4：30准时到家，并把食材快速做成美食。爸爸回来后，一家人幸福地吃晚餐。8点半孩子们睡觉之后，就是她和老公的二人世界，一起喝喝红酒，看看电影，10点半睡觉。

大家很好奇，怎么十几年过去了，她都没怎么变。她笑着说："心情愉快，坚持健身，吃好睡好，注重美，我们这种类型的女人一辈子不会老，不是吗？"大家八卦地问道："你不上班，你老公不会嫌弃你吗？"她说："没有啊，老公负责经济，我负责爱，他在外面打拼是在为家打拼，我在家育儿、健身也是在为家付出，我们平等地相爱，共同经营家庭，怎么会有谁嫌弃谁一说呢？"

上面这个故事中的女人就是一位懂得经营家庭的高手，即使当了家庭主妇、当了妈妈，依然活得精彩、活得美。

女人，不但是管理家庭的高手，也是幸福的创造者。所以，经营好家庭，也是女人一生美丽的事业。

同爱人一起成长蜕变

女人单身的时候十分注重自己的颜值、身材、健康和美丽,一走进婚姻似乎因为有了结婚证这一个保障,便没了后顾之忧,开始放任自己变老、变丑。更有甚者会把自己的"不思进取"归绺于家庭琐事太忙,没有时间。事实上,这都是借口。一个真正懂得美的人,无论在什么年纪、什么身份,对美的执着追求永不会停止。她们不但时刻在意自己的外在形象,也在意自己的内在形象,同时还会身体力行地去影响身边的人,尤其是爱人。不信,我们去看看身边的人,一个爱美的女性身边绝对不会站着一个邋遢的丈夫,一个优雅的女性不会爱上粗鲁的男人,一个知性的女性不会爱上一个无趣的男人。所以,爱美的女人会同爱人一起成长蜕变,一起携手生活,一起变得更好。

婚姻里,最不能停的是成长,甚至是逆生长。能够和自己爱的人一起成长,其实是一件很幸福的事情,因为不管他是富甲一方,还是一无所有，你都可以张开双手坦然地拥抱他。不因他富有而觉得自己高攀，不因他一时贫穷让生活落魄。这就是和爱的人一起成长的意义。

演员刘嘉玲曾经说过，"没有永远的婚姻，只有共同成长的夫妻。"事实也证明，在婚姻中能够长久走下去的夫妻都是能够在这段婚姻的亲密关系中慢慢成长，不断成熟的。

有一对夫妻，都是学医的，被分到了同一家医院，可谓琴瑟和鸣，令人羡慕。转折出现在三年后，孩子出生了，妻子一心扑在孩子身上，不仅对工作敷衍了事，更是将进修抛到了脑后，平时也不再注重穿衣打扮，还给自己找借口说，当妈的人了，还那么花枝招展的，麻烦又耽误时间。为了母乳喂养，妻子决定全职在家，于是不顾丈夫的反对向医院递交了辞呈。而丈夫却是另一种状态，工作从不马虎，而且不断进修学习，从实习医生到助理医生，后来一路升到了主治医师。他还有更远大的志向，希望继续攻读硕士和博士学位，成为一名主任医生。随着时间的流逝，夫妻两人的差距越拉越大，丈夫经常会提醒妻子，不要因为孩子放弃自己那么好的医学专业，还是要努力学习专业知识，以后可以找一个更好的工作。但妻子总是以孩子离不开她为由，把所有的时间都用在了带娃上。

妻子整日闲在家，丈夫却越来越忙，导致原本美好的婚姻，渐渐亮起了红灯。

这就是"一个成长，另一个不成长"导致的结果。《简·爱》中有一句话，"爱是一场博弈，必须保持永远与对方不分伯仲、势均力敌，才能长此以往地相依相惜。因为过强的对手让人疲惫，太弱的对手令人厌倦。"

所以，要在生活中和爱人一起成长蜕变，具体怎么做呢？

首先，改变自己胜过改变别人。婚姻中的女人，最容易犯的错误就是固执地认为，他爱我，就该为我改变。而我爱他，就应该帮他改变。而实际上，婚姻中的任何压迫式要求都无法得到好的回应。没有人会因为你正确，就听你的。所以，在婚姻中有智慧的人往往是积极改变自己的人，而不是去积极改造对方的人。

其次，承担责任，与伴侣同步成长。在电视剧《三十而已》中有一句经典的台词："都说，婚姻是避风港，谁都想避风，那谁当港呢？"婚姻中的双方，都是责任的担当者，不要期望一方是个全能选手，即使对方真的什么都行，也不能放弃自己的成长。一旦对方觉得你是一个无法成长的人，TA会选择离开。现代社会，无论是在家带娃的，还是工作养家的，每个人都很累，甚至累到没有力气去体谅对方。那些不体谅多半不是因为不爱，而是没有力气体谅。所以，每个人承担好双方认可的各自的责任，扮演好自己的角色。不放弃责任，不停止成长，是对彼此最大的疼爱。

最后，不要为婚姻做出牺牲。负责任是自愿的，而牺牲是不自愿的。往往做出牺牲的人会因为心不甘情不愿而抱怨，时间一久，被抱怨

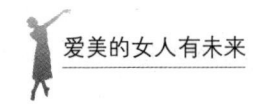

的一方也会不堪其烦,而让婚姻之船触礁。比如,不要因为没人带娃,就轻易辞职或被迫放弃自己喜欢的工作做全职妈妈。我见过太多不快乐的全职妈妈,她们每天被无尽的琐事消耗,没有成就感,她们希望老公回到家就可以帮忙。而那个承担着整个家庭经济负担的老公,在外面奔波了一天,看客户脸色听领导教导,也希望回到家里可以歇一歇。于是,双方开始争吵,各自表达着对方不体谅自己。我们希望对方能够感同身受,但自己却从未试图理解对方的辛苦。疲惫的现代人根本无法做到感同身受,只有身受之后才能感同。所以,做共同的事情,是解决互相体谅的最好方式。夫妻双方共同工作,共同带娃。这样才可能互相体谅。

真正的美好是与所爱的人一起成长蜕变,就像舒婷在《致橡树》中描绘的那样:

我如果爱你——绝不像攀援的凌霄花,借你的高枝炫耀自己……也不止像险峰,增加你的高度,衬托你的威仪……我必须是你近旁的一株木棉,作为树的形象和你站在一起。根,紧握在地下,叶,相触在云里。

和孩子共成长,做榜样型妈妈

董卿在接受记者采访的时候说过,自己初为人母也曾有过被琐事缠身的无奈和沮丧。她说:"我的时间全部被孩子占据,人也变得琐碎平庸。"她回忆说,那是一段特别艰难的日子。后来,好朋友的一句话提醒了她。"你希望孩子变成什么样的人,很简单,你去做一个什么样的人。"这句话犹如醍醐灌顶。董卿说:"我应该很努力地把自己变得更好,让他在未来真正懂得的时候,他对于你有爱也有尊敬,他从你身上可以学到一些好的品质,我不想放弃我继续成长的可能,我不想因为他就变得止步不前了。"

很多妈妈在拼事业的时候,会自责陪伴孩子的时间少,也有很多全职妈妈把重心全部放在家里,而没有让孩子看到自己努力工作的一面。在我看来,无论是事业型妈妈还是全职妈妈,都可以给孩子做出榜样,让孩子看到妈妈在努力和精进的一面。

孟母三迁、陶母退鱼、欧母画荻、岳母刺字，古代四大贤母的故事很多人耳熟能详，如今读来，那种舐犊情深和正气浩然的母爱仍令人感动不已。喜欢读史的人可能会察觉，每一位成就非凡的伟人身后，都有一位聪慧、有见地、三观正确的母亲。有人曾经说过："推动摇篮的手，也是推动世界的手。"

母亲用自己的活法给孩子当榜样，是现实版的教材，让孩子看到自己如何生活，如何工作，如何待人接物，这些都是教育，是言传身教。

孩子具有模仿的天性，尤其在他们成长早期，母亲的榜样作用更为明显。从受教育者的角度分析，子女对母亲有一种与生俱来的依赖和信任，更容易接受来自妈妈的教育和引导。

妈妈对孩子的教育形式不仅是讲道理，更重要的是我们平时的言谈举止、处世态度、待人接物的方式方法等，都对子女有着重要的教育功能。

一位学霸妈妈在分享自己的教育理念时说，她的孩子之所以成为学霸并不是因为孩子多天才，而是家里一直营造出共同学习的氛围。家里没有电视，大大的客厅装饰墙上全是内嵌的书架，摆满了书。无论多晚，一家三口都要阅读。她说，自己从来没有要求过孩子必须考满分或者特别在意过成绩，对孩子管教方面也是尽量让孩子做选择和承担责任。每次孩子写作业的时候，妈妈就在一边练字写书法或临摹别人的画作，孩子眼里看到的是父母不断学习的样子。在待人接物方面，妈妈很少发脾气，即使是工作和家务很劳累，她也会提前跟孩子和爱人说："今天我有些疲惫，情绪不好，所以我想自己一个人静一静，你们不要打扰我。"于是，孩子学会了怎么去尊重母亲，从来不会无理取闹，这也为他在学校赢得了不少好人缘。从小学到中学，孩子从来没有让父母操过心。

母亲的成长是孩子最大的福气。柏拉图说，最重要的不是活着，而是活出美好。用高质量的生命状态去影响另一个生命，是妈妈送给孩子最好的礼物。用美好的生命之光照亮孩子的成长之路，这才是"好妈妈"该有的样子。

在家庭教育中，母亲是孩子的镜子，母亲的言行举止时刻是孩子观察、模仿和学习的榜样。母亲萎靡颓废，孩子必定胸无大志；母亲积极向上，孩子一定奋力进取。良弓无臭箭，孩子只有从优秀的父母那里学习，才有可能到达到一定的人生高度。

这是一个进步飞速的时代，每个人都面临着不进则退的风险。我们的孩子，每一天都在吸纳知识，在成长，作为家里的主要教育者和影响者，如果母亲不成长，也会影响到孩子。

如果妈妈要求孩子珍惜光阴，好好学习，自己却在不停地刷手机消磨时间，任你说破嘴皮，孩子也难以心悦诚服地安坐于书桌前；如果母亲在业余时间坚持学习，不断给自己"充电"，孩子不用督促必定会有强烈的学习欲望和学习动力。这便是情境教育对孩子潜移默化的影响作用。

所以，还是那句话，想要孩子成为什么，你先成为什么，而不是简单地要求孩子去做自己做不到的事情。

不要在抱怨中变丑

作家毕淑敏说过，女人变丑的那一刻一定是从抱怨开始的。抱怨丈夫没本事，抱怨孩子不听话，抱怨公婆不理解，抱怨同事不好相处，抱怨生活一团乱麻……如此抱怨下去，生活就像中了魔咒一样，会越来越像一团更大的乱麻。

殊不知，在不停抱怨中的女人会变得越来越丑。女人的生活中常有不如意的事，因此免不了要抱怨，但是抱怨容易使心灵变得阴暗，也会让人变得没有魅力。三毛曾说过："偶尔的抱怨可能是感情的一种宣泄，但是习惯性地去抱怨而不是去改变，便不是聪明人了。"

网络上流行着这样一段话：

一个不会游泳的人，老换游泳池是不能解决问题的；

一个不会做事的人，老换工作是解决不了自己能力的；

一个不懂得经营爱情的人，老换男/女朋友是解决不了问题的；

一个不懂正确养生的人，药吃得再多，医院设备再好，也是解决不了问题的。

这些观点都指向了一个问题，那就是：我是一切的根源。要想改变外在的一切，我们要先改变自己，而不是不停地抱怨。

现在，有很多女人都在喊累，女人的累主要是心累，而过分的心累是因为太多杂念造成的。女人的心思都比较细腻，生活不太富裕、子女教育太累、丈夫不按自己的心意做事……这些都是女人失意的原因，如果不能驾驭由此产生的"累"，而是一直抱怨，那么就很难从痛苦的阴影中走出来。

台湾作家林清玄在《欢喜心过生活》里写过：有的人活得精彩开心，有的人却活得痛苦烦恼，究其原因，主要是因为心念。一个人内心认定什么，往往就会成为什么，然后决定生命的走向是什么。每个人都是一块"磁铁"，你能吸引与你的主体思想相和谐的人、状态和环境。不论你在意识里想的是什么，它都会在你的生活中表现出来。当我们能够意识到一切问题都是自己的问题的时候，往往再糟糕的事情都会出现转机。

所以，聪明的人会努力开拓视野，提升认知，充实自己，内在不较劲，外在不抱怨。当我们与身边的人沟通的时候，忍不住想要抱怨的时候，不妨在心里默念：

是不是因为我的原因，才遇到了这样的配偶？

是不是因为我的原因，才遇到了这样的父母和孩子？

是不是因为我的原因，才遇到了这样的朋友、上司、下属……

是不是因为我的原因，才遇到了这样的人、事、物以及诸多的不如意？

有一位出租车司机，他和别的司机完全不一样，他的车内空气清新，座位一尘不染，车内的温度也调得恰到好处。在他的车上还配有水、果汁和咖啡，他会主动帮乘客提行李，并且全程微笑温和地和乘客交谈。坐他车的人都对他有非常好的印象并留下了联系方式，准备下次还约他的车。有乘客问："你一直都是这样为客人服务的吗？"

司机笑了笑说："其实，是在近两年才这么做的。之前，我也像其他出租车司机一样整天抱怨……"直到有一天，他看到韦恩·戴尔博士的新书说："停止抱怨，你就能在众多的竞争者中脱颖而出。不要做嘎嘎抱怨的鸭子，要做一只寻找机会、奋起飞翔的鹰。不要做瞎吵闹的怨妇，要做一个立刻行动、不遗余力的行动者。"从那以后，司机决定改变。他不再抱怨，而是积极地从自身做起，用心服务别人，带给别人温暖的同时，自己不但不想再抱怨了，反而整个人也开心了起来。第一年，他的收入翻了一倍。第二年，他成为明星出租车司机，乘客争相以高价预约，收入翻了四倍。

有句话说得特别好，外面没有别人只有我们自己。当我们眼里看到一切不如意的事物，都是自己的投射。怨谁都是在怨自己，不满谁都是在不满自己。自己是什么样的，自己的世界就是什么样的。我们把自己想象成一个水晶球，外在的事物就是映在水晶球里的许多像，把这些像放大数倍后，就成了现实中自己身边的人、事、物，每一个人、每一件事，每一样拥有、遇到，都和水晶球里的一个像对应。

当我们学会了开口不抱怨的时候，内在就升起了爱和能量，这种能量会源源不断地回馈自己的人生，让自己变得越来越可爱。

最好的生活状态是"活在当下"

有个人曾经问禅师:"什么是活在当下?"禅师一笑:"吃饭就是吃饭,睡觉就是睡觉,走路就是走路,这就叫活在当下。"

再举个例子说明吧。两个人昨天吵架了,但今天见面时仍然怒目相对,他们就是活在昨天,而不是活在当下。活着的人,有的活在昨天,有的活在未来,却很少能活在当下。

有人每天都被烦恼包围,想想过去,总觉得太失败,想想未来,又觉得遥不可及,羡慕身边的人又升职加薪了,羡慕朋友家的孩子考上了好的大学,羡慕别人住豪宅、开名车。这样的人是不懂得活在当下的道理的。

女人最好的生活状态就是要做一个活在当下的女人。曾经五十岁的蔡琴在舞台上大声喊:"爱现在的我,现在的我最美丽!"并鼓励每一个人向自己大声喊出这个宣言。

如果一个人能够过好每一分钟，自然就能过好每一天，然后过好每一个月，最后过好每一年。我们都希望自己有一个美好的人生，什么是美好的人生呢？一生太宽泛，一年也太宽泛，只有过好每一分钟。如果当下的每一个时刻都过不好，那么又如何过好更长远的岁月呢？

有人总说活在当下真不容易，在说一件事的时候，总想说以往的辉煌。曾国藩说："从前种种，譬如昨日死，以后种种譬如今日生。"一个人过去不管是有功还是有过，昨天的太阳已经落山了，那么昨天的一切你就当它已经死了吧；太阳升起来后，从头再来，对未来有信心的人才能够做到活在当下。

真正想要活在当下，就要脱离当下。这似乎听着很玄，但事实就是这样。我们之所以很难活在当下或享受当下的每时每刻，是因为有三个现实的根源：

第一，首先我们静不下心来，因为外界的信息量过大，我们不断追求更多的信息，我们刷社交媒体、看各种各样的视频、各种各样的文章，让我们的脑子过度活跃。所以，想要活在当下就要尝试减少摄入信息，让脑子有机会静下来。

第二，我们过度向外看，向外寻找我们的价值观、我们的存在、我们的幸福感。把自己的价值感都无意识地绑在了外界，在意外界对我们的看法，在意别人对我们的认可，在意社会、父母和家人对我们的期望以及任何形式的应该，这样的我们无法活在当下，是因为我们不断在追逐，我们总是在逃避此时此刻的自己，因为我们渴望成为另外一个样子，但这让我们永远都没有与真正的自己待在一起，我们需要真正认识自己，爱上自己，从而享受当下。

第三，我们无法活在当下是因为内心存在恐惧和创伤，一些创伤被触发的时候，我们会情绪失控，情绪爆发，这时我们会感到羞愧，感觉自己不够好，感觉自己的存在可能没有价值，感觉自己不安全。一旦我们觉得不安全的时候，我们就会缩紧，会进入一种自我防卫的模式当中，甚至在需要的时候会开始攻击外界。如果你是这样的话，那就需要练习爱自己，并与过去和解，只有这样，我们才有能力不再只是本能地做出创伤性的反应，而是能够平静地作出回应。

唐代诗人寒山有一首诗："吾心似秋月，碧潭清皎洁。无物堪比伦，教我如何说。"大意是说，我有一颗心，皎洁得像秋天的明月，世上任何东西都无法和它比拟，但你要我说说它怎么样，我却说不出来。说不出来并不等于不存在，恰恰相反，说不出来的恰恰是最深刻的存在、最有力量的源泉。

很多时候，我们内心恐惧、烦乱、担忧，看别人不顺眼，看外界多纷扰，并不是外在有了问题，而是自己的心产生了偏见。你生活所看到的一切都是来自思想，以及你思想所创造的结果。正所谓：一念一世界。我们是自己命运的创造者，我们外在所看到的一切，正是我们内心世界的呈现。

心来到当下，用这样的方式来体验，我们就能时时刻刻感到满足，我们才会享受到生命持续不断的喜悦和快乐，就会在生活里带着宁静和觉知去生活。

职场和家庭是女人的两个阵地

在平衡事业和家庭方面，一般都只会向女性提问"是如何做到的"，而男人就不存在这样的难题。试想，一个女人要出差，她得先把孩子安排好，孩子放学谁接，谁给孩子做饭等。而男人要出差可以拎包就走，完全没有后顾之忧。

虽然女性在工作中有了自由选择的权利，在管理层也有很多做得非常优秀的女领导和企业家，但总体来讲，企业的领导层或者高管层，男女比例往往不是平衡的。据统计，在世界500强的企业中，首席执行官这个岗位仅有40%的女性，其他高层管理岗位和董事会成员中女性比例不到20%，男性和女性升职的机会往往也不是平等的，准妈妈和生育年龄的女性常常被明里暗里地排斥在晋升之外，即便侥幸在职场中留有一席之地，也常常被灵魂拷问，你是如何平衡家庭和工作的？

有两位妈妈，第一位属于公司的管理层，平时工作非常忙，对家庭的投入很少，婚姻陷入危机，不知道怎么办，有时她会抱怨工作很忙、很辛苦，有时候又觉得家人不理解自己，家人认为当了妈妈之后就应该把重心多放在家里，而不是全身心投在事业上；第二位妈妈，是全职妈妈，她心心念念想要重返职场，但却苦于没人帮着带孩子，内心十分焦虑。

这是女性在面对职业和家庭时很典型的两种状态，事业女人很难有更多的精力来兼顾家庭，反过来，全职妈妈又很担心被社会抛弃。

事实上，对于女人来说，职场和家庭是两个阵地，这两个阵地很难完美平衡，女人只要努力就好。努力赚钱是为家出力，努力照顾家庭也是为家出力，没有哪个责任大，哪个责任小。

演员马伊琍对家庭与事业都做得很好：

她将两个女儿培养得很好，亲子关系也非常融洽。我们经常看到，她陪女儿出去玩，上兴趣班，参加比赛。她在微博、访谈节目上，谈自己的育儿观。看得出来，她是一个尽职尽责的好妈妈。同时，她的演艺事业也在蒸蒸日上。

有人采访她，问她是如何做到的？她说："我并没有刻意去平衡职业和家庭的关系，只是顺其自然地努力，该陪伴孩子的时候我会尽量心无旁骛地陪伴，该去拍戏的时候我就会努力认真拍戏，不会因为拍戏耽误了陪伴孩子而自责，也不会因为家庭的原因错过几部好戏而后悔。顺其自然，该来的都会来。"

这就是女人对于职场和家庭应该有的态度，不强求，不内疚，不焦虑，不惭愧，该做什么的时候就放手去做。

很多女性朋友们总希望能够找到一个既能够平衡事业跟家庭，然后又能够体现自己价值的一种方法。其实，每个人结婚以后，个人的利益已经不是最重要的，家庭的利益会被放在前面。有一位美容师，她本身特别喜欢做化妆品生意，但为了兼顾家庭，她选择做一个兼职的心理治疗师。等到孩子大了，家庭也不再需要她付出的时候，她又捡起了自己喜欢的美容方面的事业。回头看走过的路，她觉得自己问心无愧，对得起家也对得起自己。

有不少女性会在外面工作的时候觉得对不起家庭，觉得没给家庭做贡献，从而开始责备自己，但选择辞职回家照顾家庭又觉得对不起自己。事实上，这种矛盾是自己对自己产生了世俗的评判，每天都在评判自己是不是一个天道酬勤的人，是不是一个有价值会被别人尊敬的人。所以，很多女性会不自信地问："我如何做到家庭和事业的平衡呢？"没有绝对的平衡！这是我们给了自己一个并不存在的、假的一个标准来套住我们自己，让我们变得不自由。

其实，生活没有十分完美的存在，只要努力就值得，无论是职场还是家庭。

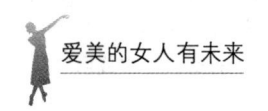

追求幸福，而不是比谁更幸福

人之所不快乐，是因为追求的不是幸福，而是比别人幸福。就像一个哲人说的那样：乞丐不会嫉妒百万富翁，但是会嫉妒旁边比他讨得多的乞丐。幸福不是用来炫耀的，也不是用来比较的，而是用来感受的。

在希阿荣博堪布所写的心灵随笔集《次第花开》一书中有一句很值得思考的话：有的人居无定所地过着安宁的日子，有的人却在豪华住宅里一辈子逃亡。

女人如果拥有感知幸福的能力，那么她无论遇到什么样的境遇都会坦然，而这份坦然就是一种美。

常有人说：有钱就是幸福，有男朋友就是幸福，有孩子就是幸福，买个名牌包就是幸福，住个大房子有辆好车就是幸福……其实，幸福来自两个方面：一个是物质，比如获得了一个物质就会拥有短暂的、间歇性的幸福；另一个是心理，感觉幸福才会真正幸福，并且这是一个长时间让人幸福的源头。

能够感知幸福的人,首先要改变对幸福的看法,学会在生命中发现一些美好,享受一些美好,让自己拥有一个富足的心态,珍惜当下的每一个小的细节。其次,训练自己说话的方式,比如把"我想要幸福"改成"我要幸福""我是幸福的",这种说话方式是给自己一个心理暗示,把自己本身当成幸福的源头,先要去给予别人幸福,这时你就会改变看世界的角度,因为你的改变让身边的人或事物都发生改变。最后,锻炼和提升自己的幸福能力。当你具备了这种能力的时候,才不会受外在的一些因素影响,不会患得患失。幸福不是来自你挣了多少钱,你的社会地位得到了多大的提升,你的身体变得多健康,而是你能随时地感受到快乐。这就像我们学过的"一箪食,一瓢饮,居陋巷,人也不堪其忧,回也不改其乐"的人生境界。

想要幸福的女生,不要对自己做以下这些事:

第一,不要盲目模仿别人。她人的美模仿不来,每个人生下来都是原创的,不要让自己活成盗版。在这个世界上,每一个人都有着无法取代的独特性,每一个人身上都散发着不同的美。所以,你没必要盲目地模仿别人,而应时刻保持本色。

第二,不要让自己过分疲惫。如果太累、太疲倦,情绪就会不好,情绪不好就发现不了身边的小幸福。

第三,不要把快乐和幸福寄托在别人身上。自给自足的幸福才是真正的幸福，等待别人给予的快乐不如自己去寻找。只有自己创造快乐并且能够带给别人快乐，才是取之不尽的力量源泉。

第四，不要忽略生命中细微的感动和温暖。珍惜与爱人一起用的晚餐，珍惜与孩子共读的小故事，珍惜与父母的每一次相聚，这些都是生活中的温暖与幸福。

第五，不要把糟糕的一面留给最爱的人。在生活中，我们把最大的耐心给了陌生人，却把糟糕的情绪给了最亲、最爱的人。因为最亲近的人能够忍受你的坏脾气、坏情绪，从而让你忘了他们也会受伤，所以，试着调节自己糟糕的情绪吧。

第六，不要总和别人比较。与人比较代表自己的不自信和无力感，每个人都有他独特的人生经历，因为受到生存环境、家庭背景等影响，每个人的起点、观念都有一定的差异，所以是无法比较的。我们只有与从前的自己做比较，才能看得出是否进步了。

仪式感：给生活加点料

关于仪式感，《小王子》一书中写道："仪式感就是使某一天与其他日子不同，使某一时刻与其他时刻不同。"

为什么生活需要仪式感？有这样的一个回答：如同荒芜中栽一株怒放的木槿花，满目破败中寻一抹风景，我们追求仪式感，大抵也是因为想在乏味琐碎的生活中，极力去触摸点滴的欢喜。

生活之"美"，不是依靠物质财富的堆砌，而是需要我们静下心来，放慢脚步，在每个琐碎的日常里去感受。

生活原本平淡无奇，如果想要让生活更多一些温暖和值得铭记的瞬间，不妨在生活中多些仪式感。比如，忙里偷闲为家人做点什么，让身边的人有一点点意外的惊喜。你的小心思，可以成就家庭的大幸福。即使很忙，也能在"柴米油盐、锅碗瓢勺"里营造一点仪式感。每天用心做一道菜，也许菜不会很特别，但做菜的过程会令人感动；用心泡一杯茶，茶的味道很普通，但慢慢品茶的过程会很幸福；给爱人或孩子做一次手工点心，也许不好吃，但那份用心很值得……生活中的仪式感，无处不在，只是我们渐渐忽视、淡忘了。

仪式感是把本来单调普通的事情，变得不一样。

有一个年轻妈妈说，她非常注重生活中的小细节，从来不在仪式感上马虎，她给大家分享经验说，她在对待家人的一些小事情上特别在意仪式感。比如，每天早上叫孩子起床，她都会轻轻地亲吻他的额头；每天晚上都会特意留出20分钟，给孩子讲讲睡前故事；临睡前还会轻轻抚摸孩子的后背，让孩子在安全幸福的感觉中入睡。固定的小仪式给孩子带来了安全感，父母与孩子之间的关系更紧密了。

再比如，每个周末，她都会和爱人、孩子去家附近的公园、田野转转，去感受一下大自然，感受季节的变化，在户外做一次简单的野餐，如果天气好的话还会在野外搭帐篷露营。

还比如，每隔半年，她会将手机中的照片挑选打印，封装在相册里，并且给每张照片配上文字和说明。

这些细微的小事，就是生活的美学和仪式感。美学家蒋勋在他的书里谈到母亲曾带给他很多生活的美，让他一生都难以忘怀，并且这份美也深深刻在了他的骨子里。

他说，母亲不论买什么菜，都能把它做成他吃过的最好吃的菜。她把过年人家送的十几种毛线织成毛衣。往后每年过年，她就把旧毛衣拆了，编出另一个花样，看起来又是一件新衣。在生活上花了时间，日常的细碎就变成一种美的情调。儿时的棉被也是母亲亲手绣出来的，而且经常重新缝洗，过去没有洗衣机，母亲就在河边用木棒捶打，洗完一轮以后，用洗米水浆过，等到大太阳天时搭在竹竿上晒。他盖被子时，总能闻到一股阳光和米浆的味道。

妈妈在生活中营造出仪式感，就是给孩子在传达一种生活的美学。生活中的美，就是衣食住行的美。

现在的人生活水平提高了，吃饭也开始讲究仪式感，不单单追求吃饱，还要吃得有品位，色香味俱全，营养搭配。生活中，从食材的选择到做好一顿饭菜，以及全家人围坐在一起吃饭的和谐与美好，甚至是饭后的打扫，全程都是美好灿烂的，如果能与孩子通过对美食的评价和交流建立起孩子对美的认识，这就是食之美。日本的孩子非常注重饮食方面的培养，他们不但追求饭菜精致，而且吃完饭要自己负责把碗碟清洗干净，并放在指定的地点。而且每个孩子从小都学着和父母一起烹饪，引导孩子逐步参与不同难度的食物搭配和处理。如此一来，孩子不但懂得食物的来之不易，还学会了一项技能。

给生活加点料，让平凡的日子都能熠熠发光。有人说，"你对待生活的样子,就是它回馈给你的样子。"充满虔诚地用心用爱去对待生活,你才会真正有所收获,感悟到生存的价值。

  生活的仪式感,从来没有固定的模式,只要用心去做,注重每一个细节,就会带来不一样的体验,就会温暖别人,感动自己。

干净的房间里藏着福气

哈佛商学院经过多年的研究,发现一个现象:幸福感强的成功人士,往往居家环境十分干净整洁;而不幸的人们,通常生活在凌乱肮脏中。生活中我们也有同样的体验,如果屋子里杂乱,心情就会烦躁,反之,房间阳光充足,窗明几净,心情也会愉悦不少。

人们现在都在讲居住的风水,其实最大的风水来自居住环境的整洁。整洁的房间,反映的是一个人对生活的热情,干净的人,不仅尊重自己,也有本事把自己的生活过得有声有色。

人有净气,风度自来。

外部的居住环境也许受经济条件所限无法随心所欲,但内部居住环境却可以由自己做主,是住的干净舒适还是脏乱不堪,一定会对家人产生不同的影响。家庭的居所,应该处处体现出家庭的氛围与价值观和审美观,哪怕不是书香门第,也尽量不能住成杂乱无章的状态。

房间就像一个情绪流动的磁场。干净整洁的房间能帮你扫除疲劳和不安,为好的情绪提供孕育的环境,让整个人充满正能量,甚至带来好运。

在网上看到一条信息:

男子和妻子生活两年,由于无法忍受妻子的生活习惯,萌生离婚的念头。男子说结婚两年,感觉自己生活得一团糟,家里乱成一团,严重影响了生活和工作,故而事业一落千丈。原因是这样的,男子的妻子是一家外企的高管,平时打扮精致利落,大方得体。但回到家里,衣服乱扔,化妆品满床都是,男子很痛苦,说自己感觉像是在猪圈里打滚儿。不仅如此,妻子还不卸妆,半夜还要起来再补一次妆,这么乱的环境还不让人收拾,说别人动了她的东西她怕找不到。男子忍无可忍,最终下定决心要结束这段婚姻。

居所干净的人,做事也利落;居住脏乱差的人,做事也往往拖泥带水。另外,一个家庭是否整洁,能够影响所有的家庭成员:环境干净,家人会更有斗志,孩子做事会更有条理。当然,居家环境是否整洁不能完全依赖女主人,更需要家庭成员共同来打理,但女主人所起的作用非常关键,她既是一个家庭整体的规划者,也是执行者,更是监督者。女主人利落就能在很大程度上影响其他成员的卫生习惯。

在日本作家舛田光洋所著的《扫除力》里有:"你的人生就像你的房间,如果你的房间脏乱不堪,梦想和好运就会溜走,而且如果你放任不管的话，脏乱的房间还会给你招来厄运。"凌乱的房间短时间之内，看似省下了自己的时间，但真的找东西的时候，却会因东西太乱而抓狂，心情一下子由晴转阴。

契诃夫说："人的一切都应该是干净的，无论是面孔、衣裳，还是心灵、思想。"我们还可以加一条——居住环境。

环境影响人的心情，心情影响人的面貌，然后对心灵和思想产生不一样的改变，这就是一个连锁反应。

扫除房间的真正魔力在于，扫除看似一场简单的体力劳作，实则蕴含人生智慧。通过打扫，我们可以放下高傲，学会谦卑，在忘我的工作中发现自己。

试想，我们走过一个垃圾场都会习惯性地加快脚步甚至掩住口鼻，如果居住的环境脏乱差，无异于我们生活在垃圾堆里，住得久了整个人也会不自觉地变得邋遢，而且不干净的环境也会引发很多健康问题。所以，保持干净整洁的家，就是在保持一个干净的思绪，通畅的身体状况。

家，是放松身心的地方，一个干净的环境才是真正让心灵休憩的地方。

断舍离：让生活更加精致

前面我们讲要让我们的居住环境变得干净整洁，那么就会涉及如何规划我们所使用的物品。平时，要对物品有一个断舍离的习惯，留下有用的、值得的物品，舍弃无用的、鸡肋的物品，这样不但有利于空间打理，还会培养正确、科学的消费观，也会因为购买高价值的东西而让自己的生活变得更加精致。

我们生活在一个物质极其丰富的社会，各种各样的物品、物件随处可见，购物的途径也是便利到了"只有想不到，没有买不到"。于是，每个家庭中呈现的状态不是物品缺乏，而是物品太多无处放。即便换了大房子，依然觉得不够用、不够住，实际是无用的物品太多，让人失去了多余的空间。

大家以为拥有很多物品能给人安心的感觉，更容易感受到幸福快乐，实际上却并不能。恰恰是这些多余的、并没有什么用的物品让人在无形中产生了很多不好的情绪，无法发现真实的自我。在买东西时，不要觉得物品有用就去买去收藏，而是自己要用再买，最好是经常使用。这样做既可以勤俭节约，也能让物品更好地发挥它自身的价值。

在我们生活的空间中，有不少东西是没用的，比如一年四季没穿过的衣服，未开封过的化妆品，不再使用的廉价饰品，一时兴起买的旅游纪念品，过了期的药品，过了时的鞋子、包包，因为各种借口舍不得扔掉或送给别人循环利用，而变成堆在家里的废品，任它们落灰、过期，最后变成占地方的垃圾。

现在，越来越多的人开始用断舍离的生活方式，改变物质过剩或物质追求所带来的焦虑。看到大量的博主都在分享自己扔了多少东西，自己的家中多么空，自己的生活多么精细计算，最后回归到更加简单和精致的生活。

对于每个人而言，断舍离更多的是为了或更加精致的生活，减少无用物品所带来的精神负担和精力负担，家中能有更加清爽的环境。

《断舍离》的作者山下英子说过："要是自己能随便凑合着用一个东西，那别人也会用随便的态度来对待你。"

所以，学会断舍离并不只是"扔扔扔"，而是减少"买买买"。生活中离不开的必需品，要买那些有价值的、使用起来更顺手、更显生活品质的物品。无论是生活用品还是衣服，都是一个道理，贵而精的东西经久不衰，既提升了生活品质又省了钱。

做一个智慧的家庭女主人,要降低物欲,提升对物品的鉴赏和购买能力,既买对的也买贵的,把物品精减。同样的物品,保留一到两个最好用的、质量最好的,其他的不能买或已经买了就舍掉。日久天长,这种断舍离的习惯会让人受益无穷。

当然,我们是从父母那个物质短缺的年代成长起来的,或多或少会对物质有贪念与不理性的消费观,会囤积、会抢购、会买一些短期内甚至长期都不使用的东西,但这种生活习惯需要慢慢去改变和提升。关于断舍离的书籍市面上有很多,都可以参考和学习。这里,我们分享简单的几点。

第一,断:购物时,三思而后行;不需要的东西,就不接受;只添置必须的物品。

看到喜欢的就买这是不理智的,并没有想清楚是否需要。

应对策略:把家里的东西清理一遍,对于家里有什么东西要做到心里有数,这样就可以减少重复物品的购买,减少浪费。固定物品数量,买一件断一件。

第二,舍:收拾没用的破烂儿;卖掉、赠送物品;缩小喜好的范围。

"舍"的主角不是物品,而是自己,要做到的思考方式并不是"这东西还能使,所以留下来",而是"我要用,所以它很必要"。主语永远都是自己,而时间轴永远都是现在。

大多数人丢东西总是被卡在"这个物品还能用""这件衣服还能穿",若只是因为物品还能用,衣服还能穿就将这些物品留在身边,才是对物品最大的辜负。

第三,离:脱离执念;了解自己,爱上自己;心情愉悦。

"断舍离"不仅会让你的家看起来更整齐,而且这也是最不需要收拾的收拾法。

后记

当这本书接近尾声的时候，我们对"美"已经有了新的理解与认识了，一个人变美是资本，是资源，是自我价值实现的起点。美是一个多元化的存在，从个人颜值之美到衣着打扮，到居家生活与工作；从待人接物到内在审美价值，无不包含。

美可以是一张精致的脸，一个曼妙的身姿，一个欣赏美的思维和心灵，一个打造美的情趣与状态。

虽然不是天生的美女，但我们可以通过后天的修炼和提升去达到外在美、内在美、学识美和生活美，最终获得身心的舒展和心灵的美好，成为一个告别粗俗的人，且成为一道行走的风景。

那么，一个美丽的女人，到底应该是什么样子的呢？

于外在：举止优雅，举手投足都很得体，充满魅力；不轻易地否定自己，可以找到适合自己的形象风格，发现自己独特的美。

后记

于内在：智慧温柔，于内可相夫教子，于外可广结人缘，也有利于自己的事业，不拘泥于小小的厨房和家庭这个小小的世界，善于社交，在喜悦中可担当，在温柔中有边界。

爱美之心，人皆有之。很多时候，女人恰恰是被生活的琐碎"蒙蔽"了初心。所以，女人们，无论你多大年纪，请找回自己那颗爱美之心，让自己活得美丽、活得精彩、活得漂亮。真正做一个爱美、爱自己、爱生活的女人。只有这样，我们才有拥有更加美好的未来。